花店人必须知道的那些事儿

日本花卉流通促进协会　编

中国林业出版社

序

如何与消费者同频

去年秋天，我们商会与日本花卉流通促进协会一起在杭州主办了日本花卉展，至今对日本花艺师带领家长和小朋友一起插花组盆的场景记忆犹新，也感慨花艺并不那么高冷，它可以成为我们生活的一部分。后来和日本朋友聊起花店，就有了这本书。

写这篇序时，笔者刚刚参加了第四届上海家庭园艺展。与一般展会不同，这个展是办在一处叫做梦花源、面积接近5公顷的园林水系环境里，汇集许许多多家庭园艺产品和创意，不仅精致，还十分接地气，笔者不断被游客要求帮他们拍照。在展会的跨界论坛上，上海市的绿化园林管理部门、花卉园艺生产者、庭园工程业者、花卉园艺电商、物流业者、新闻媒体共同探讨了花卉和家庭园艺对城市、对生活和对未来的意义。大家也都谈到一个现象，与这些年迅猛发展的连锁水果店等零售业态相比，花店似乎发展得不那么热烈，与展会上消费者的热情似乎不同频。

大家都知道日本以及欧美国家的花店多，漂亮能吸引人驻留，花卉也成为他们生活必不可缺的一部分。这是因为背后有文化的支撑。它们有很多关于花店、花园中心的专著、杂志和网站，更有不少协会和展览活动，国内这样的知识平台还比较少。之所以引进这本书，是因为它告诉我们怎样与消费者同频，无论对于零售商、供应商，还是其他一些相关业态，都很有参考价值。日本花卉流通促进协会能授予版权，中国林业出版社能出这本书，都是很大的善举。

笔者与日本花卉流通促进协会的小川孔辅会长、松岛义幸先生是多年朋友，也认识本书的部分作者，还参访过书中的部分案例花店。有一次去日本正逢母亲节，和本书其中的一位作者西村润先生一起，路过书中提到的 Aoyama Flower Market 的一个门店,看到十几个人在排队买花。当时就很感慨,就想,花卉园艺这类非刚需的产品也有人来排队,可见背后的文化背景得有多强。这种文化的形成,首先需要行业人自己有扎实的文化,与消费者同频,然后才能感染消费者。这本书就浸透了日本花卉园艺一线人士对花、对园艺的热爱。

日本的花卉文化历史并不长,却深厚到令人感叹。对其成因有一种有趣的解释,一名十九世纪后期驻日本的英国外交官写过一本书,说东京是世界上最美丽的城市,因为政治改革,许多乡下的达官贵人被迫迁到东京住,由于政治上没了腾挪空间,只好在声色犬马、庭院园艺上花力气。

不管什么成因,由于日本花卉园艺生产者、零售业自身的努力,相关行业积极理解和支持花卉产业,显然是其花卉园艺成为受人尊敬的产业的重要原因。有一次笔者参加日本花卉流通促进协会的活动,收到一张名片,写着"三井不动产",我问,你们房地产跟花卉有啥关系,对方说他们用我们的房子开花店,我们必须支持他们,这样楼盘也会热闹。还有一张名片,写着"西武铁道公司",地铁轻轨跟花卉有啥关系? 对方回答说,他们在我们的地铁商城里开花店,在我们的体育场里搞花市,我们也必须支持他们。第二天,就在西武铁道公司巨大的体育场里,笔者看到了一望无际、铺天盖地、水泄不通的花市,那天花市的客流恐怕得有小十万人吧。

日本花卉流通促进协会就是一个将推动花卉零售业发展作为使命之一的组织。他们不仅组织了很多行业活动,也跟各种国内外的行业组织建立联系与交流,还努力推动行业与消费者的交流。他们组织业者在各种场合统一推出一些口号,比如 Japan Flower(日本之花)、Shall We Flower(我们可否一起绽放)、Weekend Flower(周末之花);比如在情人节、母亲节期间,业者人人都会别一个专门设计的胸章,宣传花与节日;比如他们还有一款胸章,上面写着 We are Flower People(我们是花卉人),别着胸章的业者看上去神采飞扬。

近些年,我国花卉园艺的生产似乎没有明显增长,有人认为年增长只有 1%,从一些生产者的组织传来的信息看,过剩似乎是普遍的担忧;从花店来看,店铺数量明显有增长,新楼盘都会有花店,但普遍门可罗雀,盈利不乐观;从电商领域来看,增长却非常快,鲜花包月一夜间崛起,一些园艺网店设立没几年,月销就达到上千万,每天发出几万单,但客单价和盈利状况却普遍谈不上喜人。而从消费者端来看,家庭也好,商业场所也好,花和绿植明显偏少。据说日本人均年消费花卉园艺约 1 万日元(约 600 人民币),我国虽然难以统计数字,但明显是个零头。

对比下来可以粗略梳理出几个问题,同时也是发展机会。

第一,生产者如何提高产品的附加值,以至于让花店和电商更愿意接受。比如怎样让一部分产品带着设计感出圃。多肉植物为什么好卖,其中一个原因是它小巧玲珑,晶莹剔透,自带可爱性,对盆器的要求相对较低。但大部分园艺产品就不是这样了,如果红掌还是以以往"土得掉渣"的形象示人,消费者怎么接受,零售商怎么办?

第二,批发商如何能帮生产者和花店提高产品的附加值。有价值的商品都是靠包装,有些商品因为物流原因难以提前包装好再出圃,零售商又因为条件和经营规模限制难以自办包装，批发商就能发挥作用。这方面鲜花已经走出路子，一些电商企业在产地有花材分拣仓，在销售地有花束加工仓，但盆栽还在摸索中。

第三，花店如何才更能吸引消费者，以至于让消费者更愿意走进来，这在这本书里说了很多。在日本，花店按地段、人群特点分成多种定位，有的开在居住社区，比较朴实，以花材和花苗为主，让消费者随时可以拿回家自己动手；有的开在商业区，比较高级，以设计考究的花卉、盆花、精油为主，消费者拿回去就可以显摆，甚至花店还提供定制服务，加上配送服务，有的门店年营收可以达到人民币上千万元；有的开在大超市里，面积很大，甚至还拓展到几千平方米露天场地，多以工具、肥料、土、简单装盆的绿植为主，也是呼应消费者自己动手的需求；有的开在远郊的，温室、餐厅一应俱全，自成郊游目的地，多以景观环境吸引消费者，融合盆栽、餐饮、体验活动等；还有不少高度个性化的，走细分市场、小众市场。

第四，花店如何更有效地利用O2O平台，而不是被动等待消费者上门。如今美团、京东、天猫等主平台都在宅配服务能力上快速提升，留给花店的不是地段问题，而是如何用好这些平台，做形象和吸引力，做出口碑的问题。

第五，生产者、批发商、花店、电商、城际物流、宅配物流如何结成更紧密的联盟体。这其实是另一个层次的重要课题，是花卉园艺供应链的问题。单个花店无力解决，需要涌现更多象虹越这样的连锁品牌，尤其需要用数据系统、物流系统把各个环节连结起来，需要上下游环节携手向消费者传递花卉知识和文化，携手打造品类品牌和终端品牌。

上述方面，这本书里给出了不少答案。从目前的市场走势来看，可以说我国花卉园艺市场一切才刚刚开始，后面还有很多机会，有很多事可做。尤其当5G时代到来时，语音搜索、图像搜索、视频化等等与消费者沟通的界面将进一步发生变化，既会给善于把握时代的人创造更多机会，比如更顺畅地与消费者交流，获取更多订单；也会给落后于时代的人带来更多磨难，也就是被消费者抛弃，甚至被供应商抛弃。但万变不离其宗，消费者终究是冲着好的产品、好的场景、好的体验去的，这是我们推荐这本书的出发点。

全国工商联农业产业商会副会长
传化集团农业事业负责人
成　军

前言

由日本花卉流通促进协会（JFMA）编辑的《花店人必须知道的那些事儿》，这次要在中国出版了。JFMA成立于2000年，以提高花卉消费水平为目标，囊括了日本花卉业界200多家知名度较高的有关种苗、生产、流通、加工、零售等企业和个人的组织。

JFMA从2004年开始，以打造一家畅销花店为目标，出版了一本指导用书，并进行了多次修改。书中不仅涉及有关花店的店铺概念、陈列布局、商品政策（MD）、价格战略、经营管理、店头陈列、待客技巧，以及从市场开始对鲜花品质管理的相关知识，更汇集了全世界的花卉产业情报、日本的花卉动向及环境保护对策等内容。此次在中国出版的这本《花店人必须知道的那些事儿》，集结了近年来日本花卉产业业界经过不间断的努力，在技术和经营上所总结出的最新的知识精髓。对于中国的花卉专业人士，以及即将要加入这个行业的人士，或是兴趣爱好者，一定会是一本很宝贵的参考用书。

中国的花卉产业随着中国经济发展和人们生活水平的日益提高，未来一定会有更加蓬勃的发展。但是，花卉这个鲜活商品怎样处理应用，才能让消费者感受到其魅力所在，取决于花卉业界对于技术的不懈追求。从这层意义上来说，相信此书一定会对将来中国花卉产业的发展起到带动作用。

日本花卉流通促进协会会长
小川孔辅
2017年12月

目录

序 如何与消费者同频

前言

第1章 要畅销，门店打造很重要　9

理论篇1　站在顾客的角度来考虑商品陈列　10

理论篇2　用数据来指导经营　15

理论篇3　花店营销首先要考虑的事儿　18

实践篇1　畅销花店的运作方式　22

实践篇2　做好日常工作管理　31

实践篇3　新店开张的流程　34

花店运营项目确认表　40

第2章 花店人员应该掌握的技术　45

采购的基础知识　46

商品企划的心得——战略性地选择商品　55

花材保水——花店最基础的课题　62

鲜切花的照管　65

盆花、观叶植物的照管　69

常用的鲜花包装方式　78

花店的待客之道　82

活用互联网　86

花店必备的工具　

制定年度销售计划——年度52周的MD计划　88

第3章 花店实体案例 91

- 日比谷花坛 …… 92
- 日比谷花卉市场 …… 94
- 青山花卉市场 …… 96
- 花恋人（KARENDO）…… 98
- 宫本花店 …… 100
- 二乐园 …… 102
- CAINZ FLOWER MARKET …… 104
- 花束包装生产线（IMPACK）…… 106

第4章 开花店事先需 109

- 从花店的杂学开始 …… 110
- 解读花的风向标 …… 116
- 日本花卉生产现状 …… 119
- 运输方式与瓶插期之间的关系 …… 123
- 什么是瓶插期保证销售 …… 126
- 为什么要加入MPS …… 133
- 花的功效 …… 137
- 日本花卉流通促进协会（JFMA）…… 139
- 与花店相关的协会团体、资格认证、大赛 …… 141

第 1 章

要畅销，门店打造很重要

本章从市场理论到具体实践，详细介绍了店铺门面的设计、商品陈列及开店需要准备的方方面面的知识，无论是对于正在经营花店的人，还是打算开店的人，都有很好的参考价值。

理论篇 1

来考虑商品陈列站在顾客的角度

畅销卖场、客人可以愉快购物的卖场需要满足什么样的条件呢？

好卖场必备的四大条件

花店店铺经营的关键因素，按大的来说主要有以下三点。

第一，如何打造店铺和卖场（开店和陈列）；

第二，怎么准备店头商品（商品政策：MD）；

第三，怎么接待客人和有效地交流（服务的设计）。

零售店的运营很容易陷入实务优先的情况，关于上述三个领域，需要理论性地考虑。从营销的角度来看，首先我们来看下怎么开好一家店铺。

花店店主 MINA 女士认为对于什么是好的店铺，人们经常会有一些误解。总体来看，营造卖场的第一原则是"店铺是为了客人购物方便营造的，不是考虑店主和店员的方便"。接下来从客人的角度，我们来考虑下理想中的好卖场怎么来设计。

以下四点是一个好的卖场的必要条件。

1. 从顾客的角度进行商品配置

卖场的设计和商品陈列，仅店员觉得好看，是不合格的。卖场设计说到底是要站在顾客的角度，比如是否显眼、商品是否易取等等。迎合打

开店门走进来的客人的动向和目光,去进行商品配置(商品分类)和陈列(高度、色彩控制)。

2. 不追求光鲜,旨在畅销

卖场的效率,必须根据客观的数据来统计。这并不是说去否定直觉印象,是否是一个好看的卖场,还是要看结果。乍一看很凌乱,但卖得很好的店也是好的、优秀的。不用主观的,而是用谁都认可的数据和客观事实来评价卖场的好坏是非常必要的。

举个例子,意大利料理连锁店"Saizeriya"的创始人正垣泰彦在2011年出版了书籍《好吃不一定好卖,好卖的就一定好吃》。把这个书名套用到花店上的话,就变成"好看的店不一定卖得好,卖得好的店一定是好花店"。

不能靠主观,业绩才是一切。意大利料理店也好,花店也好,从客人的角度来考虑事情——正垣泰彦的主张,我是认同的。

3. 用"假设论"来倒推问题产生的因果关系

在考虑事情时,用假设论来思考是非常必要的。所谓的假设性思考,是指"会不会因为××原因导致××结果",去思考这种因果关系。卖场和陈列有问题,例如:走过店铺前的顾客会朝店内瞟一眼,看一下卖场,但实际不会走进来,肯定是从某些点上存在问题。

这就是顾客还没有感受到店铺的魅力,或者说已经买了一次,但是对商品和服务不满意,以后不会反复光顾的表现。商品的价格不合适,促销的广告的写法不好,店内有点脏乱等,追究这些问题所产生的"原因"是非常重要的。提出多个假设,由店员一起来讨论解决。

4. 完善"店员建议"体制

改变店铺现场的是店员,卖场管理的权限是店主或店长,一线工作的店员不去思考店铺哪里有问题,卖场就不可能一天天变好。光靠店长,卖场是不会进步的。花卉部门的全体成员是一个团队,建立相互比赛、相互配合的机制是非常重要的。

同时,作为一个团队,必须确定一个组织结构,去具体研究问题,落实解决方案。下面介绍日本首次导入该架构且成功发展的食品超市——yaoko花卉部门的组织。

案例1 食品超市 Yaoko 的花卉部门动作方式

本部在埼玉县川越市食品超市的 Yaoko，在 2001 年设立了专门管理花卉的部门"花卉部"。副食品部门的成功是时至今日 Yaoko 收益增加的主要原因。继副食品部门后，对欧美的流行很了解的川野幸夫社长把花卉部门培育成第 5 名的"生鲜部门"。欧美的优秀超市，比如英国的 TESCO 和美国的 HEB 和 WHOLE FOODS，特点就是拥有优秀的花卉卖场。川野幸夫社长认为花卉部门的培育强化，是成为日本第一超市的必不可缺的条件。

日本的食品超市，花卉部门的采购基本是由蔬菜和水果部门采购兼任。同时，有些个别店铺，蔬菜水果部门的临时从业人员需要同时做花卉部门的工作。Yaoko 后来决定在增加本部员工的同时，店铺方也招专门负责花卉的临时工。同时，Yaoko 的自助服务不再拘泥于以前形式，一部分的店铺（2013 年到现在约 45 家），把对面的花卉卖场变成自己公司经营。

好不容易独立出来的部门，见效并不是那么快。迎来转机的是，2010 年全店铺实行"花卉保证销售"，即：切花 5 日内枯掉的话可以全部换货。同时，商品的调度和花束加工集中由一家公司进行，致力于品质把控。从 2011 年开始，销售业绩开始逐步提升。花卉部门成了 2012 年 Yaoko 的全商品部门中，现存部门与上年度销售比增幅最大的部门（上年度比 108%）。

现在 Yaoko 的花卉部门，运营团队由本部部长 1 名、采购 1 名、指导员 4 名、助理合伙人 3 名，合计 9 名组成，是日本超市里面最充实的部门。Yaoko 全部 123 家店铺中，特别是以店中店形式运营的 16 家店铺和只有上午有负责人在的半自助形式运营的 29 家店铺，由本部的培训员进行细致的指导，雇佣专门负责花卉的临时工，为卖场的日常和商品的改善做出努力的体制，是今天 Yaoko 花卉部门成长的决定因素。

理想的卖场是指？

对于买东西的客人来说，理想的卖场是什么样的呢？

日本商业中心的主顾问渥美俊一先生在《商店比较》一书中有陈述。简单来说，就是"安心购物"的概念。为了"顾客可以安心购物"，需要满足以下三个必要条件。

第一，客人在店里不看价签就购买；
第二，不需要仔细斟酌品质和功能；
第三，仅按照口味（喜好）选择。

安心购物的三大原则，也适用于花店购物，这样购买时间也会缩短。

所以，安心购物也叫做"短时间购物"。

归纳来说，安心购物就是不看价签，不会因为贵或者便宜而犹豫，在极短的时间内完成购物。为了达到这个目的，店铺提供的商品和服务必须获得顾客的信赖。这样的话，顾客不需要检查很细节的品质，可以光凭自己的爱好来挑选商品，购物也会变得愉快。

实现愉快购物的根据是？

可以愉快购物的卖场是如何进行店铺设计的呢？那就是彻底贯彻"明显易懂""值得信赖""愉快"三大原则。

1. 明显易懂

最重要的条件就是价格很明朗。也就是说很好地把价格点（最多销售价格区）传达给顾客。

最多价格区是指店铺想以该价格来销售此款商品。价格点是指店铺价格适中的信号。

所以"不二价"的店铺购物是非常愉快的。例如，百元店的"大创"和杂货店的"Natural Kitchen"等的标价方式正是如此。全部商品都是100日元或200日元，关于价格无需再做过多的说明。

图1-1所示是"以低价为卖点的6家店的价格带"。与其他公司相比，就可以看到优衣库和无

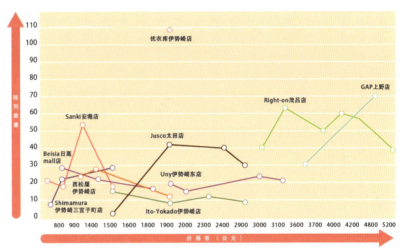

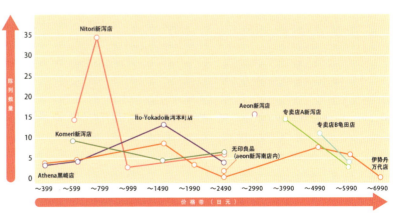

图1-1 优衣库和无印良品的价格分布"连锁店"

印良品的价格分布（价格点）更加明显易懂，所以也更容易挑选商品。因为如果价格点太分散，就失去了店内商品和其他店铺价格比较的意义。

2. 值得信赖

买东西的顾客，寻求对店铺和销售员两者的安心感。过路的行人进不进店，是根据对店铺的信赖感，即店铺名牌的强度来决定的。

同时，提供全方位服务的店铺，顾客是否询问店员的建议，从而挑到满意的商品，取决于店员的态度。不管怎么说，顾客对店铺和从业人员不信赖的话，是无法安心购物的。

安心和信赖的结果直接关系着顾客是否再次光顾。零售业的本质归根结底来说就是"回头生意"。顾客不重复多次光顾的话，店铺是很难经营下去的。以顾客再次光顾为前提，才得以维持花店的生意。

3. 愉快——总有新奇的发现和惊喜

对于零售来说很重要的一点就是，店铺方有对于该店铺独立的定位。为了丰富人们的生活，零售业才得以存在。尤其是花店，买花无论是送礼，还是自用，客人需要对商品进行 TPOS（Times，Place，Occasion，Life Style）确认。同时，为了给到顾客感动和惊喜，提供的商品和店头的陈列要明显突出季节感。花卉的零售店铺，能丰富该地域人们的生活，是其存在的很大理由。

但是，有一点必须引起注意。店铺可以提供的商品类别，需要一定程度的浓缩。"这家店摆放的是这类品位的花"，需要把这个印象传达给核心客户。"什么都有的零售店"很难做到畅销、繁盛。

理论篇 2

用数据来指导经营

为了打造成畅销的店铺，把业绩变成一目了然的数据是很重要的。我们来看下需要测定哪些数据，如何运用？

用数据来把握业绩

对于零售店的经营，重要的就是经常性地用数据去指导业务。花店也好，卖场也好，也都无一例外。

店铺和卖场，测定的数据稍有不同。正确进行测定的话，数据所反映的成果指标是不会辜负店主的期待的。以下三大指标需要定期进行测定。

1. 店铺前的通行人流量

区域选定的基准值（PAR），与相互竞争的其他店铺进行比较。例如，车站大厦内的店铺和车站附近的店面，从调查客流的乘降数量开始。东京一天的乘降客流是开店的一个基准。3 万人（小型站点）、5 万人（中等规模的站点）、10 万人（半枢纽站）、30 万人（枢纽站）是区分地域的分界线。

表 1-1 转载了 JR 东日本发布的乘降客流人数的排行榜（2012 年）。当然，也有不坐电车来店的本地顾客，但在公共交通是上班上学主要手段的都市圈，通过车站的乘降客流可以大致预测顾客数量，并作为业绩基础。"检票口"（专卖店）和"玄关前"（连锁卖场）的位置也很重要。

不管怎么样，店铺前和卖场前的通行人流量，是销售业绩（购买客户）的基础。例如，排名 100 的 JR 镰仓站，车站前的花店顾客基础是 42000 人。假设乘降客流的 0.5% 成为顾客的话，可以预测一天的来店数量是 210 人。多少百分比的通行客流会变成来店的实际顾客，不知道这个比例的话是做不好生意的。

2. 入店率

当有多个入口时，需要分析各个入口的数据。例如，车站大厦内的店铺，可以把"入店率 =1%"

表 1-1　JR 东日本 1 天的客流量（排行榜）
2012 年（单位：人）

顺序	名称	日平均合计
1	新宿	742 833
2	池袋	550 756
3	涉谷	412 009
4	东京	402 277
5	横滨	400 655
6	品川	329 679
7	新桥	250 682
8	大宫	240 143
9	秋菜原	234 187
10	高田马场	201 765
11	北千住	198 624
12	川崎	188 193
13	上野	183 611
14	有乐町	164 929
15	立川	157 468
16	浜松町	153 104
17	田町	145 724
18	吉祥寺	138 483
19	大崎	138 311
20	蒲田	135 668
~		
81	关内	55 725
82	海浜幕张	55 681
83	龟户	55A88
84	茅崎	54 984
85	新浦安	54 516
86	迁堂	54A22
87	国立	52 686
88	浅草桥	52 259
89	大塚	51 963
90	菊名	51 6l2
91	西川口	51 497
92	北浦和	49 958
93	稻毛	49 465
94	高円寺	48 341
95	武藏浦和	47 236
96	驹达	46 988
97	金町	44 774
98	田端	44 155
99	阿佐谷	43 538
100	镰仓	42 038

作为基准值参考。超市也好，通过卖场前的行人，在商品前驻足停留的比例叫做"卖场驻足率"。3%~5% 是基准值。一半人购买花的话，"购买率"就有 2%。

一定程度的卖场规模（650m^2 以上、年销 1000 万人民币以上）量贩店的花卉销售构成，店铺整体销售的 0.5%~1.5%。但是，P 值（平均 100 个顾客的购买点数）约 2~3 左右。

3."注目率"和"买成率"（购买率）

站在卖场的角度观察的话就能明白，在卖场前经过的顾客，仔细打量商品的比例（3 秒以上）约占 15%~70%，有明显的偏差。这跟卖场的位置和陈列的方式，POP 和商品的用色等都有关系。

注目率和买成率的绝对值也很重要，更重要的是观察这个变化率，同时比较以下四项指标。在经营多个店铺时，分别比较每个店铺的指标也是很重要的：①单品的单价、②购买点数、③客流量、④客单价。这些指标的经营管理的目标数值，是构成销售额（⑤）的中间数值。

分解来说

销售额（⑤）= 客流数（③）× 客单价（④）

客单价（④）= 单品单价（①）× 购买点数（②）

因此

销售额（⑤）= 单品单价（①）× 购买点数（②）× 客流数（③）

仔细看看这个公式，可以提炼出如何增加①单品的单价、②购买点数、③客流数等数据的战略。自己公司的话，只需要分析销售终端 POS 数据即可。其他公司的话，观察竞争对手的店铺，检测价格点（最多销售价格带）和价格线（价格幅度）等数据。客流数和客单价，分平时和周末，分星期几和时间段观察。根据店铺不同，倾向会有明显不同。下面例举青山花卉市场川越店的实际观察结果。

案例2　2008年青山花卉市场川越店客流与销售额之间的关系调查

以下数据是2008年在JFMA（日本花卉流通促进协会）的公开讲座上现场店铺观察的结果。

时间虽然很短，10个人的团队分工后，在川越店青山花卉市场进行了实际观察。川越站，承载着东武东上线（一天的乘降客流量约12万人）和JR川越线（约3.6万人）的换乘站的功能。

所以，两条线分别从2个方向计算通行客流量（东武线A1、A2，JR线B1、B2），分团队调查来店客流和购买客流，时间约15分钟。

有趣的是，若按照那天傍晚15分钟的现场调查数据推导出一天营业时间（10小时）的数据，和当天实际的营业业绩几乎没有出入。例如：15分钟的购买人数是6人，1个小时就是24个人。换算成10小时的话，就相当于是240人。而实际一天的购买客流约是150~200人。

傍晚来店的客流会相对多些，观察结果几乎与实际业绩相同，但是客单价相对较低，所以平均数据相差不大。

青山花卉市场是一个开放式的店铺，入口不设门，虽说易招揽顾客，但并不是说进店顾客就会成为购买客户。

驻足率0.73%是标准数值。同时，购买率是40%，这也是正常值。一般都市部的服装连锁部门，依经验来看20%~40%是标准值。

（2008年）实际调查：青山花卉市场（川越EKIA店）

1　店铺数据

※ 年销售　400万元人民币（约7000万日元）
※ 日销售　约900~12000元人民币(约15万~20万日元)
※ 平日的购买客流量　约150~200人
※ 客单价　约60元人民币（约1000日元）
※ 卖场面积　约24m²
※ 营业时间　10:00~20:00

2　调查结果

18:15~18:30 15分钟收集的数据结果
※ 通行人数（分地点、分方向）
　A1 1000人　A2 800人　B1 132人　B2 150人
※ 来店人数（按入口）
　A 7人　　B 8人
※ 购买人数：6人
※ 平均客单价：35元人民币（595日元）
※ 驻足率：15/2082=0.72% →通行客流100人中1人停留
※ 购买率：6/15=40%

3　问题点

※ 从外面看时，垂下的幕帘挡住了视线，看不清楚。
※ 商品的核心花束前有柱子，看不清楚。
※ 客单价低。

理论篇 3

花店营销首先要考虑的事儿

从营销的角度决定店铺定位、店铺设计，考虑应准备的商品品类和实际采购的商品。同时，做好店头的沟通交流。

花店营销首先需要考虑以下几个步骤。这也是在开店之前最先要考虑的事情。

店铺的基本定位

1. 面向"谁"开店

换一个说法，就是需要明确"顾客是谁"，或者说"什么人需要在什么场合用花"。是 20~30 岁的时尚文艺年轻女性呢，还是 40~50 岁有花卉消费习惯的中年主妇呢；是想在母亲节，对妈妈表达感谢的中小学生呢，还是想在情人节，大胆地送礼给暗恋女性的年轻男士。目标客户层决定了店铺的运作方式。

2. 卖"什么"商品

根据目标客户层的设定，店铺的商品品类就会不一样。就算是以切花为中心，是礼佛的菊花，还是生日用的玫瑰花，或母亲节的康乃馨？那时的价格带因购买者赠送的时机场合不同而不一样。只选切花还是连永生花一起？还是把人造花和杂货作为核心商品品类呢？根据损耗的控制和店铺的类型，品类的幅度也会不一样。

另外，根据品类的价格区间，也会做成以礼品为中心。是配销售人员呢？还是自助销售的模式？根据商品和瞄准的时机场合都会有所区别。

3. "怎么"卖

怎么突出销售方式的特点呢？仅限于店铺销售吗？还是专做网络销售呢？或者是以混合的形式展开？或者商品的价值怎么定位？

销售需要考虑以下几点。

·销售方法：独特的销售主张（USP），这是与其他店铺的差异化关键点。

·位置选择：如在超市、购物中心内的位置。

·交流的特点：如接待顾客的语言等。

店铺设计和商品配置

基本概念形成以后，接下来就要设计店铺。首先从画平面图开始。

这时需要决定以下三点：

①店铺的规划图；

②卖场的布置图；

③陈列（同一商品数量、价格带、陈列量）。

在观察其他店铺时，对于商品如道具、水桶、黑板等的陈列方法的观察也会有所启发。图1-2是英国的食品超市"TESCO"的规划图和商品构成图表，包括之前提到的店铺观察结果在内，请和自己公司的数据比较下。

在考虑卖场的商品分类时，主要看以下的要点有没有做到：即，分类是否一目了然、分类是否便于顾客购买。

了解顾客的购买动机，然后来配置商品。例如，礼佛用花是目的性强的采购商品，在陈列上面并不需要放在很显眼的位置。

反过来说，季节性的花卉比如夏天的向日葵和姜黄等，是冲动消费的商品，应该放仕最显眼的角落或者靠近入口处的位置。就像百货店的橱窗和模特身上穿的商品是想主推的商品，是希望顾客购买的品牌商品一样。

特卖商品和处理品应该放在什么位置，也需要好好思考。

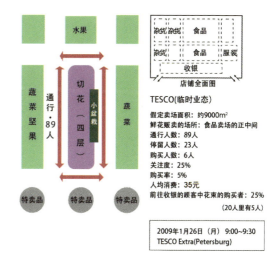

图 1-2A：TESCO 的布局（临时业态的店铺 A）

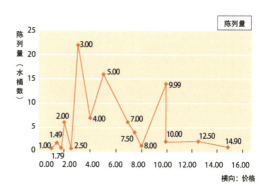

图 1-2B：商品构成图表（同上店铺）

商品关联的决定事项（MD）

布置图确定后，基本的商品品类也就确定了。也就是说，目标客户层和销售方式也定下来了。接下来就是制定常规商品品类和季节商品（52周）的采购计划。

一般来说，根据计划销售额决定陈列量和品类。有想主推的商品时，根据陈列的方法决定陈列的数量。跟鲜花保鲜技术也有关系，商品不同损耗率也不一样，销售的方式也要下点功夫。

图片展示了副食品制造商的 RF1(ROCK FIELD STORE BRAND) 的陈列方式。①盒子打开的（包装商品）、②密封的盒子（论分量卖的商品）、③ JIT 盒子（当场销售）三种。每一种都对应了顾客特定的购买需求。

同时，价格和陈列数量有明确的关联性。之前有说过"价格点"和"价格带"的关系，在调查该店铺的商品陈列数量时，可以明白中心价格带的区间。商品构成图标（价格带 × 陈列数量）（注：图 1-2B 参照 TESCO 的事例）。

商品的补充方法、频率和损耗管理（采购价格、减价、废弃处理）有直接关联。需要决定店里销售的时间段是 2 天还是 3 天，什么时间点需要做废弃处理，要确定好。

店头交流

最后来说下店头的商品信息应该怎么表示。结合店内的 POP 广告来考虑。

1. 商品说明

文字的大小和颜色、字体，是否有统一？作为检查项目，副本会让人有看的欲望吗？简单易懂吗（左脑系）？看起来美观吗（右脑系）？

2. 价格牌

价格表示的检查项目简单易懂吗？能传达给

顾客吗？美观吗？有亲切感吗？

3. 黑板的活用

花店要善用黑板。黑板是为了什么而存在的呢？是代替 POP 广告吗？其他还有电子屏和旗帜等作为交流的工具也经常被使用。

4. 传单和宣传页

这些也是根据目的和种类的不同，考虑成本和表现力来使用。刊登的信息、大小、形状、纸质等是重要的检查项目。

• 报纸刊登——让消费者越早认知到店铺的存在，销售就能越快提升。自己的店铺想招揽哪些区域的客户，与那些专门做广告夹页的公司联系，决定传单的放置范围和数量。尺寸根据自身的诉求内容多少决定即可。

• 分发的传单——为了让顾客来店，在人流多的地方，比如在车站等地方分发传单。少部分数量可利用复印机自己做传单，尽可能降低宣传成本。

也可以放一部分在附近的店铺和美容院。作为随身携带的礼物带走，让你的店铺拥有越来越多的粉丝。

• 投放邮政箱——决定区域后，把传单投放到邮政箱里。

• 在车站贴海报——车站是集客的有利起点，也可以在最近的站点粘贴海报。

• 免费散发媒体的广告出版——街头免费发放的媒体，由广告出版者负担广告费。虽然是要收费的，也是进入人们视线的一种方式。

• 地域媒体的广告出版——在 Sankeiliving 等定期发行的地域报纸上刊登广告。

5. 待客方式

仪态和礼仪是非常重要的。接触的时机、待客的任务（就算是自助式的，待客之道也很重要），主要依赖于从业人员的教育培训和动机的管理。

实践篇 1

畅销花店的运作方式

这些根据卖场设计的巧拙会有很大的区别。
另外,不同的店长营业额也会有相当的变化。
其营业额也会完全不一样。
花店即使开在同一个地方,根据卖场的构造不同,

● **客导线的思考方法**

1. 如何把顾客引导到收银台
   这和如何把商品卖出去是完全一样的意思。

2. 制作容易来的路线

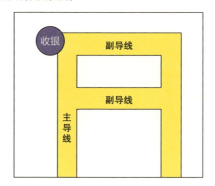

3. 楼梯上面的店
   ・有必要设计一下楼梯的造型
   ・楼梯的底下设置收银台比较有效
   ・促销的时候,打造一种临时露天摊的感觉

实际上,像连锁便利店或大型商超这种理论上很有人气的地方来说,花店并不多。很多卖场就只是把采购来的东西摆放出来而已。当然根据卖场的格局或销售形式来说卖场的设计都会不同,这里我们主要来学习一下卖场打造的基本方法。

好的卖场设计是从顾客的角度出发打造一个视野好、购买方便的场所。只要把这一点给执行到底,就会发现打造卖场并不是一件那么难的事情。

树立客导线这一概念

如何让客户拿起花走到收银台付钱,这一系列动作的引导线路就叫做客导线,是动态的线路,所以也叫客动线。从广泛意义来说,从车站出来到店内的路线也是客导线。隐蔽在小巷里,店的位置不是很清楚,光是这点就可以充分成为销量不好的原因。

狭义的客导线是指从店前(入口处),经过卖场,最后到收银的路线。卖场要在脑海中设想着顾客这样过来,再这样过来,最后来到这里,根据这个设想来打造客导线。顾客按照卖场设想的路线来,没有比这更开心的事了。

卖场的构成

卖场的构成由商品的品类来决定。但是有没有发现那些开了很多年的老店总给人一种似曾相识的感觉。

就好比买衣服的时候,会尽量想在印象不错的店内购买。特别是女装行业竞争特别激烈,女装店如果不明确给哪类客户群、哪种风格的商品、配以多少的价格带来销售的话,那销售额肯定不行。

花卉也一样。店的大小无关紧要,但是如果卖场没有特色,就不能吸引其爱好者,那么就不能确定是否能拥有维持一家店所需的顾客数量。开店肯定逃脱不了被竞争的命运。容易理解的就是地区内的竞争,也就是近在咫尺之间的店的竞争。另一种是不同地域间的竞争。如果上一站那里有家好的店,或者附近的枢纽站有家好的店,那顾客就会去那边买花而不会来你的店。

因此要打造一家魅力点一目了然的卖场很有必要。如果有10000人从店前经过,只有100人买花的话,那就是还有9900人不买花。着力于如何让这9900人买花,会对增加店的顾客数有很大的帮助。你自己站在顾客的角度来判断一下是否会在自己的店里买花。

●卖场的构成(布局)
1. 一般普遍的卖场——哪里都有的花店

2. 有特点的卖场——露天的卖场
- 光是鲜切花的卖场面积就有 70~100m² 左右,是整个卖场最大的区域。
- 经过激烈竞争下存留的店,在销售上必定有飞跃性的增长。
- 把所有需求的鲜切花全部放上。
- 必须要狠下心放弃小盆栽的销售,把小盆栽让给其他店或地区的家居中心。

开设方便顾客通行的通道

和之前店的选址和格局中提到的一样，店铺的入口要尽可能地宽阔。这样能让店整体看上去更大，不仅让顾客知道这里有家店，也让顾客更方便进入。

要想增加销售，那就必须先要让顾客进到店内。就和弹子机一样，洞越大弹珠越容易掉下去。但是从实际的卖场情况来看，比较好卖的花等拥挤地排放在一起，放在不好走的卖场的深处，或是一些受欢迎的产品放的位置不太好拿。这样顾客购买商品就比较难。对于有强烈购买欲的顾客来说也许会突破重重障碍来进行购买，但是对于那些只有一点点购买想法的潜在客户来说很可能就这么放弃了。

记住，卖场不是只要大门敞开人就会进来的。

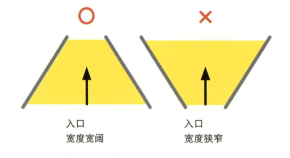

● 容易进入的卖场和不容易进入的卖场
入口处的宽度为了让人容易进入，要尽量宽阔

入口 宽度宽阔　　入口 宽度狭窄

前面低，里面高

还有一种卖场的陈列方法就像折扣商店堂吉诃德一样，把商品堆得非常高，让顾客期待这里面到底有些什么东西。但是就一般情况来说，一目了然的卖场是最有效的。

一目了然的卖场的框架就是前面低，后面高，从前面看就能知道整家店有些什么东西。

人都是懒惰的，不会去找看不见的东西。只要知道哪里有什么，那即使放在最后一排也不会比放在第一排难卖。但是如果放在最后让人看不见的话，那就根本谈不上好不好卖，因为花卉是活物，直接与损耗相关。站在棒球场中击球手的位置上，漏斗形的露天体育场的全貌都能看见。可以说那就是观察事物的一个最理想的形状。

另外从经验上来说，收银台要很显眼，这一点很重要。在自助式的卖场，收银台就是顾客和卖家接触的地方。虽然看见哪些花正在卖，哪些花非常受欢迎这一点非常重要，但即使花已经拿到了手上，却不知道收银的位置在哪里的话，很有可能又会把花放回去。

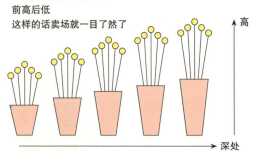

● 一目了然的卖场的制作
前高后低
这样的话卖场就一目了然了

高　　深处

● 收银的位置要很明显
● 最好的是类似露天体育场的形状

一般花器的组合和排列方法

同一组花器，根据组合方式和排列的方式不同，给顾客的印象都会有很大的不同。

鲜花这一商品给顾客的冲击力越强，越容易被购买。

1. 首先是分类

售卖人的思想想要如何表现，或者如何给顾客强烈的冲击感，这些根据选择不同的分类方法都会有很大的区别。因此明确分类很重要。

按大类别的分类

看了很多卖场，发现很多卖场对于鲜切花、小盆栽和资材的分类不是很明确。随便分散地乱放会淡化印象程度，所以按大类别来分类是最常规的做法。

按品种分类

按品种分类是按照商品的品类、品种来进行归纳的传统方法。对于顾客来说品种一目了然，只要在其中选择喜欢的花和喜欢的颜色就可以了。

按颜色分类

这是最近几年流行的方法。颜色没有规则地乱放会给人一种乱七八糟的印象。就像绘画工具箱那样颜色按照渐变的顺序排列会给人一种很好的印象。按照颜色分类的卖场也会增加其档次。

按功能，对象分类

即迎合顾客购物的动机来归纳商品进行分类。例如日常餐桌上用来装饰的花束的区域，一支支单卖的区域，年轻人用的迷你花束区域等。

2. 卖场打造出线条感

为了增加鲜花的销售，卖场有线条感是很重要的。冬天和春天鲜花需求量大的时期尤其需要。在夏天，卖场包括库存管理，要尽量显得清爽一点，不能摆得太满。总之，要时刻保持随机应变。

为了制造出线条感，花器就不能随意摆放，要规划出一个整体感。

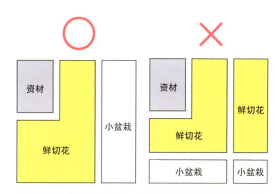

以鲜切花为主的卖场的话，上图左边的卖场比较好。右边卖场的鲜花与顾客没有接触，鲜切花和小盆栽的区域过于分割，减少了视觉冲击力

● 花器的组合方法（一般的）

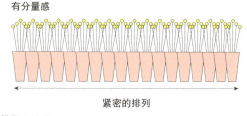

有分量感

紧密的排列

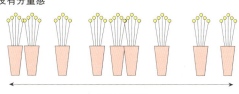

没有分量感

零乱的排列

3. 让顾客停留脚步所下的功夫

即使是车站这种人流量大的地方，也有很多店人们是直接走过而不停留的。为了销售不仅要在店内摆放适合卖的商品，卖场的形状和打造方法也很重要。涉谷一家很有名的青山花店，店整体就像一棵栖木，人和卖场的接触面积非常大。不仅如此，店内还摆放了很多有魅力的鲜花，所以销售量出乎意料的好。

● 为了不让人只是路过而下的功夫
（青山花店东横店的模式图）

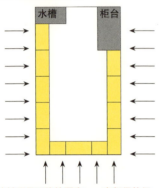

● 与顾客接触面尽可能的漂亮，一直都很热闹。据说热闹到顾客自己能招来顾客的程度。

花桶的排列方式

这样的花卉卖家就和花桶卖家一样，乍一看花桶很显眼，仔细一看才知道是卖鲜花的，这类卖场随处可见。这样完全不行。花桶或花器是让花看上去更漂亮，这一原则决不能违背。

● 容易留住人的场所

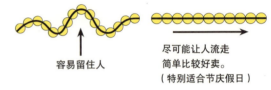

● 花桶的排列方法

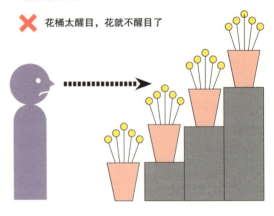

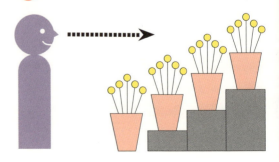

单个水桶内的花的量很重要

一个花器或一个水桶内的花没有一定的量就会显得很杂乱，这样顾客就不会想靠近，花也就完全卖不出去。如果鲜花不多了，或是正在减少，那就减少花器和水桶的数量，保证每个单位容器内花的量。

有关苗类的线条感

卖花苗的情况和上面正好相反。在常见的黑色托盘内放满花苗的话，或是很整齐排列的话，就不能从旁边观察苗的高度等，这样就会不好卖。卖掉的空穴就让它这样随意空着，或者是一开始就拿出 2~3 盆，不仅让剩下的视野更好，也能制造出一种很畅销的感觉。

为什么要套袋包装

套袋包装并不是因为喜欢。首先，这样方便顾客拿。日常品的销售方便拿取比较好卖，超市的鱼或肉，服装类也是一样的。

另外，套袋也和花束或插花一样是一个作品。花的朝向都是朝前的，花的量和套袋的大小的平衡感等也是畅销的关键之一。

卖场设在哪里有多少人流量

假设有家如上图的 x 花店。

A 地点有 100 人，B 地点 500 人，C 地点 10000 人，D 地点 5000 人，是这家店的人流量，想要卖的商品放在 C 地点，相比放在收银的 A 地点，会增加 100 倍的浏览量。这是小学生都懂的算术。所以 C 地点的商品卖光之后，就把里面的东西在拿到 C 地点处。因为曝光率增加了相对的也会比较容易卖，就是这种道理。

● 一个花器，一个水桶的花量

10 个水桶 → 撤掉花器扩宽通道 10 个水桶

● 水桶内的分量感

● 苗的分量感

好的理由
1. 容易拿取
2. 给人一种畅销的感觉
3. 能让苗的高度和分量感一目了然

● 哪个位置顾客有几个通过

收银　X店的情况

A 地点客流量 100 人　B 地点客流量 50 人　C 地点客流量 10000 人　D 地点客流量 5000 人

● 海报的贴发

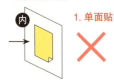
1. 单面贴

外面的人比较多，外面的人看不见。
即使顾客没有购买意向也能有所了解。
● 一般都是从外面观察店内。
收银内侧没人来

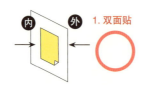
1. 双面贴

内外两侧都能看见
● 从顾客通过的位置看卖场
1. 从远处看是怎么样的
2. 从店外看是怎么样的
3. 从店内看是怎么样的

海报的贴法

海报的一种贴法是向顾客展示这家店的销售意向。海报是为了卖什么商品所用的一种促销工具，所以必须要向顾客展示，另外要尽可能给更多的人展示。所以海报贴的位置、方式都很重要。比如单面观和双面观，效果就会大不一样。

去看那些销量不好的店，最显而易见的原因就是他们在展示花上并没有花太多功夫。

关于颜色

1. 根据颜色分类

花器即使是排成一列的情况下，根据颜色分类来进行排列，会让颜色看上去更加鲜明有层次，就和刚买的蜡笔盒内排列的一样，看上去特别漂亮。

颜色可以是同色系的从深到浅的渐变色排列方法，也可以以白色为界线放置黄色或蓝色的反差色（补色），这一对比式的方法能够让颜色显得更醒目。黄色和蓝色，绿色和红色等一系列的反差色更醒目。各国的国旗也多是选择反差色，也是同一个道理。

● 根据颜色的分类

颜色的渐变			脱层		
深红	红	粉	白	黄	蓝
同色系的渐变			暗色（补色）		

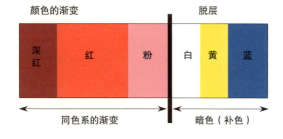

● 颜色排列的分类

黄色排前面　　单色与混色花束的区域分开

黄色在远的地方看得最明显　　　混色花束区域

2. 颜色排列的窍门

浅色和混色花束要分开

浅色的东西和混色的花束放在一起整体上不好看。把这两个类别分别放在两个区域的话，就会都好看。

黄色摆在前面

从远处看黄色是最醒目的。把黄色的花摆在卖场的第一排，从很远的地方就能吸引顾客的注意力。

● 颜色排列的分类

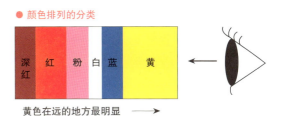

黄色在远的地方最明显 ——→

诱导顾客冲动购物

这是销售额比较高的店的一个极端的行为，其中一半销量基本都来自于冲动型购物。当店内都是顾客的时候，顾客就会进入自己是顾客的状态。或者本来只是怀着随便逛逛的心情进店的，没想到进来之后会情不自禁觉得"好漂亮""好便宜"，然后就不自觉地买了。善于做生意的人说不定就是善于诱导人冲动购物的人。

当然基本的客人还是那些传统意义上来买东西的那些人。但是冲动型购物的顾客到最后也许将变成基本客户。所以店家很有必要不断诱导顾客冲动购物。

● 诱导冲动型购物的关键

1.冲动型购物是指让本来没有购物打算的人购买东西。

2.对于人流量大的商店特别有效。

3.要有便宜或是极富魅力等显而易见的特征（POP 广告很重要）。

诱导连带购物

为了能够提高营业额，需要诱导顾客购买与花卉相关的产品。有了这个会非常的方便，以这种方式去进行劝诱应该也不会让顾客感到厌恶吧。如果一样商品给人不怎么好卖的感觉很强烈的话，那就会让人敬而远之，但是当你自己从心底觉得有了这个东西更方便，更漂亮的话，以这种想法去劝诱顾客，顾客一定会从心底向你表示感谢。

● 连带购物

对于买花盆的人，肯定要推荐托盘，不然浇水的时候会很麻烦，根据商品不同还可以推荐花盆套。必要的时候把配套品放在旁边，比如三色堇的旁边放置三色堇的肥料，矮牵牛旁边放矮牵牛的肥料。

对于为买鲜切花的人进行搭配，可以向客人推荐：再买一束会变成这样哦！

实践篇 2

做好日常工作管理

随着花店的经营，日常的现金管理也是非常重要的工作。为了产生实实在在的利润，需要怎样下功夫呢？要怎么采购好呢？等等，具体来考虑一下。

考虑工作的方式方法，使每年都有盈利

做生意从结果来说，就看赚不赚钱。每年仅亏6万元人民币，10年就亏60万。每年仅赚6万元人民币，持续10年的话就有60万的盈利。是亏损还是盈余是很大的问题。

那么为了保证盈利要怎么做呢？把盈利牢牢地记在心上，来考虑日常工作的方式方法。

创造月6000元的利润

每月的经营数值目标设定为表1-2。简单地假设一下，为了死守月6000元的利润，我们需要解决这些课题。

表1-2 月经营数值目标

项　　目	金额：元（人民币）
销售额	18万
利率	50%
利润	9万
收入	9万
经费	8.4万
变动费	1.44万
人工费	4.1万
设施费	2.2万
固定费用	7200
利益	6000

1. 保持销售额

销售额按照月 18 万元人民币的话，1 天就是 6000 元。每天不保持住的话，收入目标就会打乱。

$$销售额 = 客流量 \times 客单价$$

- 客单价算一人 60 元的话，客流量就要确保 100 人以上。
- 行人流量有 5000 人的话，普通花店按照 1% 算就是 50 人的来客数量，这样就达不到 6000 元，其工作重心就是要增加客流量。
- 做一个花苗 6 元的角落，报春花也好，仙客来也好，三色堇也好，都卖 6 元，比周边任何店铺都便宜，天气好的话特别能招揽客户，感觉跟去拍卖早市一样。
- 主力的切花相对年龄大的买的比较多，尤其是佛花，特别是 2L 的菊花。
- 非洲菊使用具有世界级品质的马来西亚的品种。这样一来即使与其他店铺价格相同也可以靠品质取胜。客流量可以通过提高购买可能性来实现，在卖场创造更多的这种可能性吧。
- 切花和盆器。站在顾客的角度，鲜切花和盆器的标价是店员自己也能接受和购买的，这样让顾客用眼睛去看，去触摸，次数越多被买走的几率也高。所以要拓宽通道的宽度，让顾客容易走进来，方便看花，包装好容易触摸。

提高客流量，保持住就可以达到这样的利润额。5000 人的人流量，要是能记住大部分的脸就更好了。

2. 检查采购

店铺的利润管理，和保持销售额一样，检查日常采购是非常重要的。下面例举了采购需要检查的项目。

表 1-3 采购确认表

根据店铺的实际情况制作一个采购确认表。把实际采购的金额记入表内，与预算做个比较。

（单位：人民币元）

月日	星期	切花			盆栽		
		月初现额 70原价			月初现额 50原价		
		销售预算 卖家	采购预算 原价	实际预算 原价	销售预算 卖家	采购预算 原价	实际预算 原价
11月1日	二	42000			1200	2400	
2日	三	42000	3360		1200		
3日	四	42000			1200		
4日	五	42000	5040		1200		
5日	六	42000			1200	1800	
6日	日	42000			1200		
7日	一	42000	3360		1200		
8日	二	42000			1200	2700	
9日	三	42000	3360		1200		
10日	四	42000			1200		
11日	五	3600	4320		1800		
12日	六	3600			1800	2700	
13日	日	3600			1800		
14日	一	3600	2880		1800		
15日	二	3600			1800	3600	
16日	三	3600	2880		1800		
17日	四	3600			1800		
18日	五	3600	4320		1800		
19日	六	3600			1800	3300	
20日	日	3600			1800		
21日	一	3600	2880		3000		
22日	二	3600			3000	6000	
23日	三	3600	2880		3000		
24日	四	3600			3000		
25日	五	3600	5280		3000		
26日	六	4800			3000	4500	
27日	日	4800			3000		
28日	一	4800	3840		3000		
29日	二	4800			3000	6000	
30日	三	4800	3840		3000		
		12万	4.82万		6万	3.3万	
			月末现额 4440原价			月末现额 6000原价	

- 销售预算（目标）鲜切花 12 万元，小盆栽 6 万元共计 18 万元，差额收益率预计（目标）鲜切花是 60%，小盆栽是 50%。
- 采购鲜切花暂定是是星期一、三、五，小盆栽是星期二、六。

差额收益率的计算方法如下：

$$差额收益率 = 差额 / 销售额 \times 100$$
$$差额 = 销售额 - 采购差价$$
$$差价采购额 = 采购额 + 月初库存总额 - 月末库存总额$$

举例来说：

切花的差额 =12000−（48240+4200−4440）=72000
收益率 =72000÷120000×100=6%
盆花的差额 =60000−（33000+3000−6000）=30000
收益率 =30000÷60000×100=50%
这个店铺的收益率 =
（72000+30000）÷180000×100=56.7%

收益率是指

收益额 = 销售额 − 原价。相较于销售额的收益比例叫做收益率。

3. 提高客单价

①引导关联销售
- 盆栽旁放盆器、肥料；
- 玫瑰包装旁放满天星的包装；
- 包装要单个包装。混合包装的话，1个包装即可。

②准备大号购物篮

采购苗类物品时，如果没有购物篮的话只能拿手提，买的量少，有购物篮就可以放购物篮里。

③重视礼品

单价自然可以提高。

4. 保持收益差

差额收益率的第一影响因素就是商品损耗率。销售额进度和采购进度每天都记录在本子上，以周为单位，看下是否达成目标收益率，来调整采购额。同时，设定报损处理的基准，把损耗降到最小化。销售量和采购量的理论关系很重要，现场能用肉眼管理的报损最小化也是非常重要的。

5. 控制经费

经费的控制主要对象是变动费和人工费。设施费用和固定费用每个月基本是相同的。人工费用占比较高，为了不造成不必要的加班，重新审视下是否有在做无用功。

- 变动费和销售额相互关联，是造成金额增减的类目，如消耗品费用、宣传费、物流费、配送费、信用卡手续费等。
- 固定费用和销售额无关，是固定支出的类目，如水费电费、清扫费、外加工费、系统费、车辆费、保险费等。
- 一般的变动费是销售额的6%~8%，固定费是销售额的4%左右。

6. 资金管理

在日本，现金管理使用夜间金库的话费用特

别高（一般城市银行一个月要2400元人民币），所以还是每天存入ATM机。经常性地核对下到截止日的金额，保持平衡。

7. 资金操控

制作支付预算表，对照收款情况来安排资金使用。只有销售掉才能产生收入，要重点主推复购率高的商品。要保证支付的队伍空间尽可能长，能回收的要极力尽早回收。

实践篇 3

新店开张的流程

所以希望做好万全的准备之后再开店。

开店对于很多人来说是一生中都不知道是否能遇到一次的重大活动。

我们按顺序来看一下为了开一家花店所必须做的事情有哪些。

获取店面

1. 寻找店面

● 要勤跑在想要开店区域内的房产中介公司。这里面也有专门针对店铺的房产中介公司，可以在那登记自己想要的区域，店铺的面积，租金等预算，等待他们的联系。

● 看下动工前的大楼的告示板，提前直接进行租金的交涉。

● 与附近的超市等进行交涉，确保花店的空间。

● 不管怎么样不要选择卖不出去的店面，要瞄准那些没有人接手，是旺铺却不得不关门的店铺。

2. 店面的交涉

● 店面的租赁条件是房东这边的希望价格，所以要对所有项目的条件进行还价。租金也要进行可支付范围内的还价交涉。

● 保证金在合同到期前是不能返还的，所以要控制在 6 个月的租金范围内。或者考虑到资金的周转，选择多付租金减少保证金这种方法也可以。

● 押金必须得 1 个月的租金。房屋中介公司的中介费也必须要 1 个月的租金。通常从开始装修的那天开始作为合同生效期。

● 合同一定要看清楚，不要留任何疑问。最好请律师或者专业人士来确认合同的内容。

3. 合同

通常需要担保人，要事先确保好。个人的平日信用很重要。合同必须要个人和公司的印章，所以需要准备好印章证明，户籍复印件和账本复印件。

店名，商标设计的决定

因为是做好充分准备开的店，所以店名、商标最好是在开店前就考虑好。

世界上相同名字的花店有很多。如果你新取的名字在注册商标后，可能会因为名字易混淆而

以妨碍营业为理由被要求赔偿损失，所以要特别注意。要想一个只属于自己的独创的名字。另外店名不仅要确定字体，包含商标的设计也必须要确定。还需要广告牌、名片、广告传单等所有的印刷产品，一旦决定要开店这些也都马上要准备好。

店铺装修的委托

1. 店铺内饰的确认

● 自己想要一个怎样的卖场，可以使用方格纸画一下室内图。

● 向内饰公司要来实际的尺寸，把卖场的内饰画出来。

● 把自己画的内饰图交给装修人员转换成他们的装修图。重要的是店里的招牌、尺寸、照明、电路施工、水路施工、天花板、地板、墙壁等内部装修以及柜台、门防、杂器等。

● 自己所期望的店铺的印象先在脑子里描绘一遍。另外要找值得信赖的装修公司。

2. 店铺装修

从把店铺交给不动产公司的那天就算装修开始，装修工程一般持续7～10天，完成后再由装修公司把店铺交还回来。

因为会请几家不同领域的装修公司，有时候会发生装修的内容和事先说好的不一样这种情况，所以在装修期间要经常去现场看一看。

3. 装修的注意点

● 店内的照明要亮一些。

● 店外的照明也要留心。外面光线很暗或者晚上的时候，摆在外面的商品就卖不出去。

● 插座要多一些。事先都规划好的话施工很简单。比如里面放电脑的地方或者是离外面很近的地方等。

● 在店铺的后方要设置一块最低限度的空间，用来放配送箱、水桶、备用品等。

● 收银台上事先开好插收银机电线的孔。

● 要重视招牌和签名，放在顾客容易看见的位置。

电话号码的取得

因为电话号码要放入招牌、宣传单、名片内，所以一旦决定了店铺就要立即去申请。电话号码和传真以及网络用的线路也都要向通讯公司联络进行申请。

备用品、资材的准备

花店所需的备用品和资材多种多样。下面来介绍一些主要的备用品和资材。

1. 备用品

● 收银机、保险柜、打卡机、水桶、POP、POP 插卡机、拖把、绞拖把机、扫把、垃圾箱、抹布、客人用的小毛巾、店铺印章、店铺橡胶印、红印泥、盖章台、剪刀、刀、切胶带机、手动条形码机、取刺器、订书机、卷 OPP 纸台等。

2. 资材

● 抛光纸、包装纸、花盆袋、纸袋、蝴蝶结类、橡皮筋、透明胶、万能笔、圆珠笔、袖套、笔记本、POP 用纸、发票、会员卡、账本、OPP 纸卷、OPP 纸、花泥、收入印纸等

信用卡、快递的准备

1. 信用卡的准备

现代的零售业，信用卡是必备的。

信用卡交易对于兰花这种高额礼品的销售来说特别方便。根据立场不同，也可以考虑生鲜品的销售只能使用现金交易。信用卡的交易金额，收银台显示的价格和实际收入的金额不一样，所以还会产生向信用卡公司进行收入金额的确认等管理业务。

2. 快递的准备

最近把鲜花作为礼物的客人很多，从店里用快递配送商品的订单也有所增加。礼品一般都是比较高价的商品，所以为了增加营业额快递是必须的。

店铺工作人员的招聘

从要开始做花店开始，与谁一起共事、运营就非常重要。尽量选择自己熟知并且有专业知识的人来当自己的左右手。花店的运营从采购、接客、销售、管理等与人有关的事情非常多。根据在处事的速度上人的工作能力的不同，或是

根据销售技术的优劣在营业额和利益上都有很大的区别。

丈夫想要自立门户的时候,妻子作为辅助角色的这种情况比较多。朋友结伴一块自立门户的情况也比较多。如果想要一人单干,那就要借助几家招聘平台来招聘工作人员。这个时候的几个重点我们来集中看下。

1. 开店前留出足够的时间来招聘工作人员

最晚开店前一周要确定好工作人员,事先对工作人员进行教育,做好开店准备。

2. 怎么来选择招聘平台

- 在店门口张贴海报;
- 网络媒体;
- 付费的纸质媒体;
- 报纸内页媒体;
- 免费的杂志。

不是说使用了招聘平台就一定能找到人,所以尽量还是事先就确保人员比较安全。

广告传单等用于开店促销的道具的准备

新店开张如果不采取一些手段的话,那就只有周围的人或者路过的人才知道。新店开张的告知手段有很多方法,例如广告传单夹在其他报刊杂志内,或是直接向人群手动发传单等。其中最有效果的应该是把广告传单夹在报纸内发放。

店名,标志,标有店址的地图,卖哪些商品卖多少钱等,这种一目了然的传单最有效果。一般来说开店当天的营业额是平日的 5 倍。

和店铺装修费一样,要把开店宣传用的必需品也做一个预算。

开店准备

在做开店准备的时候，最好也先准备好所有工作人员的排班表和工作流程表。容易遗忘的几点也要列举出来。

1. 水电煤气的申请书

从房屋租赁合同生效的那一天开始就有各种费用的支付义务，所以要向各个公司进行申请。

2. 零钱的准备

新店开张一般都是在周六周日，所以要多准备点零钱。

3. 小票的店名印刷

一般小票的店名印刷需要花费 2 周左右的时间，所以事先决定好几种很必要。

4. 准备收银的记账本

收银机只有最低限度的记录功能，所以记账本也要事先准备好。

5. 明确标识配送金额、包装费用

和快递公司确认好配送金额后，要把配送金额表和包装金额表做出来贴在客人容易看见的地方。

6. 玫瑰去刺器

如果把玫瑰作为开店的明星产品的话，那事先准备几百支到几千支的玫瑰是很必要的。简易的那种就可以，如果有玫瑰去刺器那会非常方便。

开店当日

开店当天所有注意的项目。

1. 广告宣传单一定要是开店当天的

如果是开店用的广告传单，那一定要是仅限于开店当日。如果前几天就发放，广告宣传单上标注不清楚，那很多顾客就会提前几天来店。

2. 明确标明营业时间

在广告宣传单上一定要注明开店时间和营业时间。

3. 开店时间提早也可以

如果开店前就有顾客在排队的话，提早一点开张也是可以的。

4. 工作人员要安排在各个定点位置

收银的人和上货的人要相对选择一些有经验的老手。收银的周围很容易造成混乱，所以绝对不要在那配置新人，要配置一些和蔼可亲、机动灵活的人。

5. 顾客的排队方式

顾客的排队方式一定要事先决定好。要确保排队通道的宽度，要避免顾客的包等随身物品碰到周遭的商品。

6. 收银台的整理整顿

收银台要保持干净，不要放任何东西。但是，碰触花苗可能会脏手，所以要在收银台上放置一些给顾客擦手的小毛巾。

7. 定一位价格牌、POP 机的检查员

价格牌和 POP 机中途出问题的话，就会影响特别是以价格取胜的商品的销售速度。所以要有一个专门把脱落的东西放回原处，或者是进行退换的工作人员。

8. 迅速的结束收银

开店当天，因为还不熟悉收银机所以最后关收银机的时候往往花很多时间。所以在开店前要做好收银机操作的培训。

员工培训

一旦决定好店里的店员,就有必要将他们都培育成店里的战斗力。

1. 店铺手册

除了像类似这本书的管理书籍以外,最好也做一本店内独有的手册。有了手册的话教育员工也方便,员工也能更快地记住工作要点。

XX 花店的员工手册

1 我们的公司　　　　　8 配送方式
2 XX 花店　　　　　　 9 蝴蝶结的做法
3 XX 花店的主题　　　10 包装的方法
4 关于接客　　　　　11 鲜切花的基础知识
5 电话的应对　　　　12 花苗、花盆的基础知识
6 关于收银　　　　　13 关于玫瑰的管理
7 关于怨言的处理方法　14 紧急场合的处理方法

2. 员工培训的方法

员工的培训非常重要。就经营角度来说,不论是哪家花店都不会在员工上花费过多。为了自身的战斗力要彻底地进行培训,不论何时都不能让卖场产生漏洞。作为专门针对这一方面的培训方法,有书面学习,也有离开职场进行的脱岗培训(OFF.J.T)和通过在职场工作中进行指导的在岗培训(O.J.T)。

不论哪种都是人向人培训指导,所以相互的理解和关爱很必要。

脱岗培训(OFF.J.T,Off the Job Training)

离开工作岗位后进行的所有培训。像是开店前的培训或者是外部讲座,海外培训,店长会议也可以说是一个学习的场所。

每个人所受培训的程度都有所不同。对于拥有一定店铺数的公司来说,有必要进行阶层式培训模式,如店长培训、副店长培训、中层员工培训、新人培训等。充分活用店内员工手册的话,对店铺的前途也大有好处。对于只有一家店铺的花店来说,人才也是至关重要的,要让员工意识到学习的重要性。

在岗培训(O.J.T,On the Job Training)

在岗位上老员工向新员工进行实际示范的培训模式。蝴蝶结的打法、包装、鲜切花和盆花的商品知识的教授等。实际上,现场的实践教学更简单易懂,因为时间长,可以边教边做,边学边记,形成一个很好的良性循环。比如说鲜切花进货的时候,商品的处理方式、吸水性能、换水的时间和方法等。搬运盆栽类的时候,也能同时进行商品特征的说明和浇水的方法等的指导。

花店的商品是随着四季的变化迅速改变的,所以这个不事先教明年又会遭遇同样的情况。卖场也有淡旺季之分,所以在工作中要充分融入O.J.T。

花店运营项目确认表

让我们来看一下如今开店运营需要注意的几点。每一项确认并在方框内画圈后参考第42页的 answer。可以确认店铺运营的表格。

Check 1

店铺的布局和店铺的建造

1. ☐ 你有掌握自己店的商圈和客户层吗？
2. ☐ 周围环境和街道的房屋排列适合你的店的风格吗？
3. ☐ 从店外看有让顾客想进店的亮点吗？
4. ☐ 店的氛围是否适合第一次进店的客人？
5. ☐ 店内的通道是否通畅，店内是否有保持清洁？
6. ☐ 橱窗展示品是否有定期更换？
7. ☐ 是否有刺激购物欲的道具？
8. ☐ 是否有刺激顾客五感的提案？
9. ☐ 店铺的黄金地带是否摆放着当下想卖的商品？
10. ☐ 是否有那种隔着很远看都很吸人眼球的道具或是橱窗展示品？
11. ☐ 商品的陈列对于顾客来说是否容易拿取？
12. ☐ 商品的鲜度和品质是否与价格都相符合？
13. ☐ 不同的价位和用途的商品是否混在一起摆放？
14. ☐ "本周推荐"和"今日推荐"是否明了？
15. ☐ 对于在下雨天来的客人，雨伞的存放是否有障碍？

Check2

销售促销和管理

1. □ 是否有掌握店铺附近的人流？
2. □ 是否知道外界对店铺的评价？
3. □ 从店门口经过的人是否会进店？是否会买商品？
4. □ 是否掌握一位客人的平均消费水平？
5. □ 是否能记住经常来的几位顾客？
6. □ 为了让顾客下次再来是否有进行什么促销活动？
7. □ 是否有确认促销活动的效果？
8. □ 能说出店铺的理念或是座右铭吗？
   店铺的理念是（   ）
9. □ 能说出店铺的目标年销售额和目标利润吗？
   目标年销售额（   ）   目标年利润（   ）
10. □ 为了达到目标销售额是否有建立年度工作计划？
11. □ 是否有决定这个月要卖什么，怎么卖，卖多少量，卖给谁，卖多少钱？
    卖什么（   ）   怎么卖（   ）
    卖多少量（   ）   卖给谁（   ）
    卖多少钱（   ）
12. □ 是否拥有价廉物美的商品的渠道？
    哪里（   ）价廉的东西   怎么做（   ）可以便宜入手
13. □ 是否有决定价格的管理何时，由谁，怎么确认
    何时（   ）   由谁（   ）
    如何（   ）
14. □ 店铺整体的外观应该如何确认？
    如何（   ）确认
15. □ 想象下店铺5年后的景象

> **Answer**

Check1　店铺的布局和店铺的建造

1. 把店周围的商圈全部走一圈，建立如何把人流引导到自己的店里的战略。

2. 从周边看如果店太过浮夸醒目，会产生一种难以进店的气氛。店的颜色，素材和理念要客观的观察一下。

3. 店要从顾客的角度来看一下。"从很远的地方能看到店或是招牌吗""一下就知道是卖什么的店""照明是否明亮""店内看上去很有趣""店门口的活动"等，要依靠视觉上的冲击。

4. 店正门口的宽度和门的宽度是否有容易进店的氛围。注意在顾客能看见的地方不要放置垃圾或空盆。

5. 把顾客诱导到店铺的最里面，让他们看见更多的商品从而诱发他们追加购物的冲动。行动方便，加长顾客的动线是关键。另外不要让枝叶掉落在地上，也不要让地板打湿。

6. 杂物、POP机或者过季的海报等是否已经陈旧？要让顾客感到新鲜感和店的品位。

7. 用POP机简单明了的标明花的价格和特性可以增加买花的几率。购买后推荐一些简单易懂的商品。

8. 视觉有"商品的陈列""照明的亮度""店内工作人员的礼节仪表"，嗅觉有"花的香味"，听觉有"店铺内播放的音乐""工作人员的产品介绍"等，要在诉之于顾客五感的方法上下一定功夫。

9. 店内的黄金地带是商品替换率最高的地方。为了展示想要销售的商品，以月或周为单位，每天变换商品的陈列。

10. 花有按照颜色不同，高度不同清楚的排列吗？或者有根据颜色和高度进行搭配展示吗？用造型来吸引顾客的眼球，等他们靠近后有POP等标明价格。

11. 有些卖场是提倡按花种或花色来统一规划。保持高度或花色统一，打造一个让顾客开心购物的陈列方式。

12. 花的鲜度和价格站在顾客角度定夺。边确认库存量，边搞一些降价特卖的活动。

13. 为了方便购物，卖场要设计简单。使用同一种器皿或花盆并整齐排列。

14. 促销区域要以颜色和量来提高商品的冲击性，展示要简单明了。搭配好的花束和插花作品是可以表现店铺设计能力的工具，也能为顾客自己搭配时做参考，也能提供给一些比较赶时间的顾客。

15. 在下雨天或是大风天的时候，要站在顾客的角度给予跟平时不一样的服务。花店是否有很多不摆放在店外的鲜切花或盆栽？下雨天独有的折扣或下雨天独有的积分等活动，能做的有很多。

Answer

Check2　销售促进和管理

1 一天分成 3~4 个时间段来观察店周围的"人流""人数""职业"。根据时间段的不同，过往的人群也不同。

2 首先假装成路人，向周围的人询问"这附近有花店吗""XX 花店在哪里？"等问题。这样就能知道店是否有知名度。等习惯了之后就打听一些关于自己花店评价的内容，例如"XX 花店的东西怎么样？"。也许会听到一些自己没有想到的事情。

3 有时候如果不进店，也许就不会注意到有这么一家店。所以在顺着人流的地方要安放一块招牌。等顾客进店之后再做一些促进销售的宣传。为了让顾客心动，商品的说明要简单明了。

4 为了增加营业额，单价很重要。如果单价上升的话，那就相应地搞些优惠活动，多做一些简单明了的推广。

5 培养一些老顾客。给新客人办理会员卡，掌握他们的喜好。要理解顾客的特征来对应他们的"老样子"，要活用到接客和采购上。

6 还有为了让顾客再来店，要写一些关于会员卡的优惠，活动的预告等。在显眼的地方摆放宣传预告。

7 所有的工作人员要根据客流量、客单价、购买者数/进店人数的比例来确认是否有达到预期的效果，并为下次做铺垫。

8~15 写一下，回答一下，来确认具体的管理方法。

第 2 章

花店人员应该掌握的技术

采购和商品企划、花卉处理、包装、待客之道等，
作为花店人员需要知道的事情有如山一样多。
从一些似懂非懂的事情上，
也许可以发现一些新的技术。

采购的基础知识

我们来讲解下采购的相应准备工作和具体方法。作为花店从业人员工作的第一步——采购。

"花卉不是工业制品"的意义

在花卉业界经常可以听到这么个说法"花卉不是工业制品"。这当然不仅仅是说花卉是"活物，生鲜产品"。作为商品，花卉存在很多的"不确定性"，为了表达这层意思，上面的说法被认为是最容易理解和便利的说法。"花卉的采购"说到底就是要理解透彻花卉的这种不确定性。通过掌握不确定性，反过来利用这种不确定性，你也可以加入采购达人的队列了。

花卉的不确定性往大来说，主要是由于"商品的原因""行情的原因"。商品原因的代表性例子就是由于生产地的气候原因导致出货量的增减、品质的变化等。如你所知，花卉根据光照和气温决定开花的速度。经常听到有人在耳边说，"气温骤暖，一下子全开了""光照少迟迟不开""受去年夏天炎热天气的影响，今年的收成不是很好"

等。台风和暴雨这些突发灾害对于花卉出货也有很大的影响。另外，采购的花卉开花后是怎么样的，可以保鲜多久，对这些也要进行预测。即使是同一个生产地，同一个品种的花卉，根据时间不一样，品质也会有所变化。另一方面，所谓行情就跟字面意思一样，根据花卉自身的需求和供给平衡，价格相应浮动涨落。除此以外，生产地温室加温的柴油的行情，进口商品的汇率行情也是影响花卉价格的因素之一。

在这些不确定因素中，为了"更明确地"采购需要的花卉，就需要"高价采购"。相反来说，"想尽可能便宜地"采购的话，就要一定程度地牺牲品类的齐全度。也就是说，花卉采购的确定性和价格是此消彼长的关系。做生意的铁的法则就是"降低原价"，但是花卉的采购不是一味地追求廉价的商品。根据用途，选择恰当的采购方法是很重要的。

将自己店铺的"销售"铭记于心

在介绍具体的采购方法之前，还有一件很重要的事情。在买卖时，花卉的不确定性即使很高，也只能自己做出相应判断。店铺向顾客提供的价值（卖点）是什么，必须要铭记在心。为什么采购现场跟战场一样，因为很多局面都要靠一瞬间的判断。"在你犹豫的时候你想买的花已经被其他花店给抢走了""本来没必要买的因为行情便宜进了一大堆"等情况，店铺的经营马上会变得停滞不前。无论是老板，还是负责人，采购业务是"在业绩还没出来前就使用店铺资金"的行为。让自己店铺的顾客感到愉悦，并且适度地采购跟利益紧紧相关联的商品，这是现场采购的技巧。

采购需要判断的点是，当下眼前的花的哪个卖点跟自己店铺的销售额能扯上关系。是花的品种、品质、产地品牌、季节感、稀缺性、花卉保鲜期，还是有顾客指定要那种花卉，还是价格便宜。要在综合判断这么多要素的基础上进行采购。

虽然话是这么说，但是起步阶段是非常难的。首先作为基础原则，经常性地自我设问，"假设自己是顾客的话，按照自己店铺的店头销售价格，是否会想买呢"，养成这个习惯是很有用的。

采购方法的种类和优、缺点

花店的采购大多数是在批发市场进行的（以下简称市场）。市场的批发公司（例如东京都中央批发市场大田市场，是由株式会社大田花卉和株式会社 flower auction japan 两家合资的）采用的是货主委托（国内生产地和进口商社）批发公司销售商品，批发公司在设定价格后销售给买手。销售成交后从销售金额中扣除部分手续费（9.5%）给到批发公司，剩下的金额返给货主的机制。

注：不是谁都可以从批发公司采购花卉的，需要成为各个批发公司的买手才可以。需要取得买卖参与资格。由地方自治体（东京都等）开设

的中央批发市场的情况下，在报批行政机关的基础上，才能和批发公司签合同。批发公司（私人企业）自己开设的地方批发市场，和批发公司签约就可以拿到章。所属公司不同、自治体不同，条件也不一样，尽量找最近的市场进行协商。

批发公司把花卖给买手（采购鲜花的方法）有几种方式，各自有优点和缺点。

1. 订单交易

正如字面意思一样，事先把需要的花卉品种报给批发公司下单。在采购日的数日前，给到批发公司订单"需要什么产地的70cm的红色玫瑰100支等"。这样就能明确地采购到花卉，就算由于产地花期还没到等原因暂时没有花的话，批发公司也会提前通知店铺，也有足够的时间考虑其他代替品。但是大多数情况下，订单交易的采购价格是所有交易方式里面价格最高的。

2. 买卖双方直接交易

生产地每天都有鲜花产出，就算没有买手下单，也可以出货给市场。在花卉到货之前，"什么花出货了多少支"，生产地已经提前到货日1天报给批发市场，以收到的信息为基础，批发公司的负责人设定商品的单价进行销售。近年来，各个批发公司开设web网站进行销售的情况越来越普遍，买卖双方直接交易占了市场交易很高的比例。买卖双方直接交易的优点是价格适中，也能确保采购。硬要说缺点的话，就是只能从生产地已经出货的品种中选择，不是说100%确保的。

3. 拍卖交易

各市场设置的拍卖室内所进行的最原始的交易方式。一个个单品当场决定价格。虽说现在日本大多数市场的拍卖采用的是"报价往下走的拍卖方式"，最初设定的价格没有买手的情况下，价格一点点往下降。批发公司接受货主委托，需要把花全部卖掉，不管怎样要把价格降到出现买手

为止，这是买手低价购入的机会。反过来说，近年来受网络直接交易的影响，拍卖交易量的比例有缩小的倾向，品种数也有限，单品拍卖会在非常短的时间内结束（通常几秒，最长也就1分钟左右），不熟悉的话，有可能什么都没买到拍卖就结束了。

4. 预约交易、定期交易

1~3是根据市场的到货日进行采购的方式，也有时间更长一点的采购方法。

预约交易是指例如针对孟兰盆节或者春分秋分等节日，把一定需要的花卉品种，以数周前就定好的价格进行预约采购的交易方式。节假日的行情根据花卉的栽培情况会有很大的变动，而且不到最后的时间点都无法确定，通过预约交易，可以基本确保进货数量和进货价。节假日当天行情走低会感觉亏本的话，就用最少的成本预约最低限度需要的量。定期交易是指数周内到数月内，"每周一固定购买某某产地的秀M菊，以多少日元的价格买100支"的采购方式。这种方法不受日常行情的左右就可以买到。

5. 从中间批发商采购

大多数情况下，各个市场除了批发公司，还有中间批发公司。从中间批发商处采购的最大优点就是，可以少批量地采购各种各样的花卉。相对于从批发公司采购的单位（数10至数100扎），中间批发商大多数都可以以1扎（10支等）为单位采购，可以凑齐很多品类，变化丰富些。同时，中间批发公司的工作人员也是花卉采购的专业人士，手里有很多批发公司和产地的渠道，万一出现什么紧急状况也可以依靠他们。当然，中间批发公司在花卉单价的基础上加了手续费，采购价会比从批发公司购买稍微高些，也算是个缺点。而且，中间批发公司的采购还有一个特点，就是不需买手权（根据市场不同，有些需要提供营业执照）。

6. 从市场以外采购

经营花店的话，完全不通过市场采购商品是很难的，但是去市场采购，一大早去算上往返的时间，基本上半天就没了，也是个不小的负担。作为补充手段，可以活用网上拍卖和以网络销售为主的批发店服务。网上拍卖可以提供专门的服务，前一天下午在网上拍卖好后，中标的货物第二天早上就能送到店铺。和以往的批发公司在拍卖室进行的拍卖交易不同，通过网络可以实时地参与等服务也越来越普及，预计还会有更大的发展空间。在店铺或者自己家里面，都可以随时参加是最大的优点。缺点就是参照批发市场的拍卖交易标准操作的。而且，配送费也占成本，需要加到单价上去。

另一方面，随着近年来社交网络等的普及，花店和生产者直接交流的机会变得越来越多。通过交流，可以了解生产地花卉的状况，也可以反过来告诉生产者花卉采购的感想，对于双方来说是很大的优点。进一步来说，不通过市场从生产者直接采购花卉的动向也慢慢开始出现了。

	确定性	单价	便利性
订单交易	◎	△	○
买卖双方直接交易	○	○	○
拍卖交易	△	◎	△
预约、定期交易	◎	○	△
从中间批发商采购	○	△	◎
从市场以外采购	◎	?	?

收集花卉采购的有益信息

在了解了花卉采购各种各样方法的基础上，你会发现花卉采购就是一场"信息战"。活用第一手信息，经常性更新，针对花卉的不确定性采取合适的采购方式会有所帮助。这里所指的信息分"从外部得到的信息""自己积累的信息"两种来进行说明。

1. 从外部得到的信息

代表性的例子就是"生产地状况"和"大批量需求者的动向"。首先生产地状况，自己能直接获取信息当然最好，不然的话就要向批发公司和中间批发公司的工作人员打听，查看生产者和流通相关人员的博客和SNS，阅读业界报纸（日本农业报纸、花卉园艺报纸）等综合性的手段去了解。比如：订阅日本农业报纸的话，网上全国各地主要市场的情况，根据品目类别会列出来，可以一目了然的看到，比较便利。另一方面，尽可能早一步掌握大批量需求者（大型花店的关系网和便利店等的目录商品）的信息，这个特别是针对母亲节等节假日比较有用。这样做有可能采购的花材品类会相对单薄，看是跳脱现有店铺的商品企划，还是进行预约交易冲一下销售，再做出相应判断。网络销售型的花店的动向等，可以通过跟加盟花店和市场搞好关系，从他们那里获取，也不失为一种手段。

2. 自己积累的信息

这是指"日常的记录"。每天的销售额、原价、客流量等相信大家都有记录，在此基础上对照"自己店铺的卖点"，记录按照品类群的销售额、原价、报损率等，可以提高自身店铺独有的采购精度。另外虽然采购了，由于商品劣化等无法使用时，记录产地、等级、单价的同时，为什么会发生此种情况，有必要向生产者和批发公司、中间批发公司追究原因。对于生产者来说，使用方不反馈任何劣质的信息的话他们是掌握不到情况的，也无法期待他们有所改善。但是不是光"提出投诉"就可以，"一起想改善方法"的态度才是最重要的。在这样的交涉过程中，也一定能加深对商品的理解。

花卉的采购业务是花店业务里面非常重要的根基业务之一。但是，归根到底都是为了"实现销售""满足顾客"这些背后的业务。注意不要陷入"为了采购而采购"的状况，好好琢磨下采购业务的规则吧。

商品企划的心得
——战略性地选择商品

为了提高销售额进行必要的商品企划。实行与其他店铺差异化的商品战略，企划常规商品、季节商品等。

因为是车站前的店铺

放着许多可以随手买回家的迷你花束

花店的商品企划是指？

花店"把从市场、中间批发公司采购来的切花、盆花陈列在店头""让顾客看到店铺摆放着四季美丽的花卉并买走"，光做这些花是卖不掉的。如果你是那个地区开了几十年以上的花店的话，也许会有一些老客户，可以保证业绩的稳定增长。但是，如果你是新开花店，或者说还想提升点业绩的话，光把花陈列在店里是不够的。首先，设想下希望什么样的客户层来购买。你的花店是在车站附近的路面店铺，有很多人流经过，还是在住宅街道中的花店，占地位置不一样目标客户层也会有所变化。打造店铺独有的商品，把花卉和包装材料组合后打造差别化商品，这才是商品企划。这里所谓的差别化也包括价格有优势的战略商品。降低成本后让顾客觉得值得购买，反过来增加附加价值让顾客高价买走，这都是商品企划。

商品类目鲜明化

店头陈列着切花、盆花、绿植、花瓶等。商品根据切花、盆花、绿植，制定年度计划进行商品企划，包括常规商品（佛花等）、季节商品、节假日商品等。一周计划要细化到周末、平时，将其区分开来。

商品分类

从日本以外进口的商品也可以做年度差别化商品企划。

	切花	盆花	绿植
常规商品	佛花 散卖	高级赠礼用	观叶植物
季节性商品	独立花束 混合花束	家庭用	
节假日商品	插花 花礼盒		
花瓶、永生花、书（生活方式提案、花卉相关）、关联资材			

理解商品企划的流程

首先需要考虑卖给什么样的客户层，以什么样的目的让他们购买。确定商品的风格。再设定商品价格，有些商品需要企划几个价格。然后把花材、包装材料进行组合来设计，并考虑到作业的各种需要，调配来制作完成商品。之后给商品取个好兆头的名字，让顾客对商品产生亲切感，更理解商品。商品做好后，为了让顾客更好地了解商品效果，给商品做个POP和吊牌，也可以通过黑板进行传达，也可以准备店头海报，这些都可以手绘制作。这样会更加具有亲切感。也可以通过公司主页和SNS(社交网络服务)发布进行告知。

商品企划的程序

- **设定销售对象** — 设定客户群，比如30~40岁的男性
- **概念** — 决定商品的风格
- **设定价格** — 设定店内商品的预期价格
- **设计** — 把花材和包装搭配起来设计
- **花材、包装资材的选择** — 制作一张所需花材和包装的清单
- **供应、加工** — 从设计阶段开始设想，也会有外部加工
- **宣传** — 店内：黑板、宣传单、小牌子、海报

让顾客注目的畅销商品是指？

就算是把切花散着卖，也要用POP或黑板标明品种名、产地、花卉的季节性。把产地和品种信息、故事传达给顾客，也可以增加商品的附加价值。吸引不了顾客驻足看一眼的话，销售额是上不去的。把象征季节颜色的花卉全部放在最前面卖，也是一种销售方式。

在欧洲，到了春天，店头全部用黄色的花装饰，向顾客宣告漫长的冬天过去了。夏天会摆放一些偏热带颜色的花卉。花卉瓶插期保证销售也可以提高客户满意度，是增加回头客的有效手段。这些不能直接说是商品企划，但是从塑造店铺个性、差别化来说是优秀的商品企划。

也可以考虑和其他行业联手企划赠礼用的商品。比如和服饰店和咖啡店结合，和当地精致糕饼店结合的商品，也许会很受顾客好评。确定几个价格带制作成品，通过海报和传单进行预约销售，当然也可以把样品放在店头，让顾客更加一目了然。

打造客户更具亲切感地常规商品

生日用花、结婚纪念日用花、休闲用花等，根据顾客的目的不同，设定易入手的价格带、保证顾客随时都能买到。把混合花束装饰在店头，

商品企划的关键词	
品牌化＝差别化	品种、产地品牌、环境、店铺陈列、国产
和其他行业联合	服饰、糕点、饭店、电影、电视、音乐
目标	年龄层、阶层、用途
时令性	季节性、时代的话题性、年间计划
商品魅力	取名、品种、颜色、保鲜期、新鲜度、香味
利用互联网	网络销售、采购、网页级别（PR）、顾客服务
花卉的效用	颜色、香味、生理效果、花卉文化、生活方式

让顾客可以轻松地挑选，这也需要下点功夫。另一方面，为了不让顾客厌倦，即使是同等价格带的常规商品，根据季节不同，必须要改变一下花材。在欧洲也有这种成功的例子，在价格带不同的休闲花束上配上人名卡，让顾客一目了然，更具亲切感。就算是佛花，也不光光是单靠价格取胜，进行保鲜1周的保证来差别化销售，或者把长度切得一样整齐的花束商品化等等。必须在这些可以和销售业绩挂钩的部分上面下点功夫。

根据花卉的时令性和季节等制定年度计划

年间商品、季节商品、节假日商品，根据花卉的时令、季节、岁时记制定年度计划是非常重要的。从全年的常规商品、节假日的商品企划中，制定年度的店头品类计划安排。另外可以考虑花卉的时令性企划、和产地联合的商品、和地域文化结合的活动商品等。

根据季节不同设计不同的店头。春天卖的花、让顾客通过颜色去感受，夏天呈现给顾客一些热带颜色的花卉，或者以向日葵的黄色为基调，来表现夏天店铺的特点。天气再凉一点，用蓝色系的飞燕草和洋桔梗来装饰也会变得很有趣。如此一来，就像经常在和顾客聊天一样，这样的商品企划相信肯定可以吸引新顾客，招揽回头客。

从顾客的视觉来做商品企划

顾客一般在什么时候会买花呢？花卉不像食品，不是必需品。通过花卉装饰获得满足感，把花装饰在房间里起到一定治愈效果。通过切花、盆花、绿植来感受自然，感受四季。同时，生日、结婚纪念日、送别会用花，是人与人之间沟通交流的手段。甚至可以说花卉承载了客户的满足感、幸福感。在企划商品时经常站在顾客的角度来思考，细细地去体会用花赠礼、装饰的喜悦。

花材保水
——花店最基础的课题

「保水」是提高花卉生命力的作业。
这里介绍下花店经常使用的「保水」的基本方法。

摸透花卉的状态，根据花的情况采用合适的保水方式

鲜花的保水作业，根据店铺不同有各种各样的操作方式。大部分切花都可以靠自身的生命力吸取水分，花店人员不经意间就会去依赖那股力量，只是偶尔辅助，这个辅助工作就被称为"保水作业"。

首先，就算是同一种花，根据采购时花的状态不同，保水方法也应有所变化。不是一概通用"这种花用这种保水方法"，而是根据花瓣、叶片、根茎的状态来判断，选择合适的保水方法。把花浸在水里的湿式运输和不浸水的干式运输，保水方法也不一样。另外，即使是湿式运输，在运输过程中水不够了，水变得特别脏，需要更加充分地浇水作业。

另外，在摸透进货的花卉状态的基础上进行保水作业。而且在保水作业过程中最重要的就是剪刀和小刀要非常好切，非常干净。花筒也要干净卫生，细菌的滋生对于花卉保鲜会产生极大的影响。同时，建议巧妙地利用花卉保鲜剂。

01 空切、空折

- 挑一些吸水性好一点的花。
- 用手就可以折断的品种有个好处，不用接触剪刀那些易滋生细菌的媒介。

使用剪刀和小刀在离根底部 2~3cm 的地方，在空气中进行切断折断的作业。吸水性好的花卉品种更适合这种空切。为了让切口的断面可以更宽，用刀斜切是最理想的。同时，根茎可以"嘭"一下折断的，可以不用剪刀直接用手折断后让其充分吸水。为什么是离底部 2~3cm 呢？因为这是运输过程中的细菌繁殖和空气进入导管的范围，也不会损害切花的价值等（一般茎越长价钱越高），所以这个长度是比较适宜的。

1 从离根底部 2~3cm 的地方切断。为了让断面更宽，可以斜切。

2 像菊花和龙胆等，根茎很容易折断，可以直接用手。

02 水切、水折

- 最普通的吸水方法。
- 把根茎浸在水里，尽可能浸得深一点，然后斜切。
- 水压越大，吸水性越好。

从离根底部 2~3m 处在水中切断。尽可能在水深处切断，然后就这样浸在水里。如果是为了让花重生的话在浅水处切断也可以。在进行吸水作业时，一定要记住在尽量深的地方切断。因为水越深，水压越大，吸水性越好。

1 把根茎底部放到沉水的水桶里面，在水深处切断。

2 为了让吸水的断面更宽，可以用刀斜切。

3 菊花和龙胆等用手折断即可。

03 弄碎、敲打

- 茎很硬的花卉和枝条类的，加宽吸水面积的手法。
- 粗的枝条，用十字切法效果更好。

　　茎很硬的切花和枝条等，用剪刀或刀是很难的。茎比较容易切断的，可以用榔头在基部敲两下，这样比较容易吸水。不一定要敲得很碎，敲两下让茎的纤维打开就可以。除了枝条类的以外，铁线莲等敲一下茎也会打开。

　　另外，更粗的枝条可以用剪刀剪个切口，然后在开口上在用剪刀扩大裂缝。最好就是十字形开口。裂缝的面积越大吸水性越好。

1 枝条顶端用榔头敲。

2 这样一来，毛细纤维打开后，导管就剥出来了，水比较容易浸进去。

3 粗的枝条可以切一下，再用剪刀剪个切口，并向上扩大裂缝。

04 沸水泡

- 把枝条浸在热水里，可以减少细菌，赶走茎内的空气。
- 快速浸入热水里，水分一下子就吸上来了。

　　长时间不给水，或者吸水效果差的花卉，或者水分蒸发很快的话，光水切有时候上水效果不是很好。这时候就需要先泡一下开水。

　　一般使用沸水。把花用报纸类的纸包起来，从切口处切 1cm 左右，快速浸到沸水里。根据茎的粗细和形状，浸泡的时间长短不同，茎细的话一般 10 秒左右，其他浸 20~40 秒，再马上改浸到常温水里。热水浸过后可以减少细菌，可以赶出导管内部的空气，增强吸水效果。水吸上去以后，在店头陈列时把变色的根茎部分再切掉。但有颜色的，或者茎部有很多水分的花卉不适用这个方法。

1 在沸腾的水里，茎细的花放 10 秒，其他浸 20~40 秒后，马上改浸到水里。

2 水分上来后，把底下变色部分再切掉。

05 剥、削

- 适用于绣球和荚蒾等根茎木质化的切花和切枝类。

这种方法适用于双子叶切花,茎木质化的植物,吸水效果会提高很多。回切后,切口处2~3cm用刀或剪刀削掉表皮。这样一来茎的表面更好吸水。再把中间的海绵状髓摘掉,让中心部分也更易吸水。但是,露出部分不要过多,否则容易滋生细菌。所以水吸上来后别忘了把底部回切掉一点,或者使用抗菌剂防止细菌繁殖。

1 剥掉切口处2~3cm的表皮。然后取掉中心海绵状髓。

2 触水面积越大,细菌也更易繁殖。可以回切或者使用抗菌剂。绣球花涂一层明矾效果更好。

06 深水浸

- 适用于草花等水分蒸发很快的,对极端下水快的有效果。
- 浸水时间过长的话有可能会蒸发掉,需注意。

像野草等吸水很难的植物,快速浸泡有效果。首先用报纸等把花卉包紧,再回切和泡热水后,把整个浸在水里。

虽然这样吸水会非常快,但不能长时间浸泡,否则叶片和花的水分容易很快蒸发掉。应该待水分吸上来后,迅速放到水量合适的容器中。

1 用报纸卷紧。

2 进行水切。

3 水桶里放水,把整个浸在水里。水吸上来后马上拿起来。

07 逆水

- 利用叶片内侧可吸收水分的植物特性。
- 对于绣球这种吸水很难的花也有效果。为了不蒸发掉水分吸上来后就迅速地去掉水分。

这个多用于切叶和切枝类。植物可以通过茎和叶片内侧吸收水分。

把花头朝下,给叶片浇水。

08 使用吸水剂

- 各个生产商有各种各样的产品。
- 一直以来比较有效果的是明矾。
- 抗菌效果高,可以抑制细菌繁殖。

为了保水花店使用过各种各样的东西,真正有效果的却不是很多。这其中明矾效果确实比较好,现如今也有很多花店在使用。明矾的效果与其说是促进吸水,不如说是让蒸发变难。明矾有很强的抗菌效果,可以防止由于细菌滋生引起的导管闭塞。

另外最近为了促进保水效果,各个厂家开始销售保水剂。内含让导管内的水分子不易移动的成分,保水率比较高,可以尝试下。

保水作业根据品种不同，也是各式各样。同时，使用品牌保水剂来保鲜的例子也不少。

表 2-1　不同鲜切花的保水方法

品　种	最适合的吸水方法	要　点	品质保持剂糖分量
花菖蒲	空切、水切	如果有沾着泥的话，要把泥去掉	○
百子莲	空切	轻轻摇一摇确认是否有花掉落	○
绣球花	空切加明矾	用刀斜切把茎中间的海绵体去掉	◎
大星芹	热水浸、水切	水很容易下降所以要放在深水里	○
落新妇	敲打后热水浸、水切	消费者用的品质保持剂有效果	◎
银莲花	水切	品质保持剂、吸水剂有效果	○
孤挺花	水切	向茎空心的部分注水	○
六出花	水切、吸水剂	品质保持剂有效果	○
红掌	空切、热水浸	不耐低温	○
鸢尾	水切	叶的前端容易破损，需注意	○
灌木百合	空切	含糖分的品质保持剂不行	×
鸟乳花	水切	耐低温	○
菖蒲	空切、水切	含糖分的品质保持剂不行	×
文心兰	空切、热水浸	用刀切，使用品质保持剂	○
康乃馨	空切、热水浸	状态不好的时候热水浸	◎
非洲菊	水切	在弱酸性的环境下吸水性能变好	○
满天星	空切、热水浸	干式运输时要热水浸	◎
马蹄莲	水切	注意干燥	○
菊	热水浸、折	运输时间长的话要热水浸	○
金鱼草	热水浸、空切	注意高湿度导致的花捂烂	◎
金盏花	热水浸	把大的叶子去掉	○
孔雀草	热水浸	小心地把下面的叶子去掉	○
栀子	热水浸	品质保持剂有效果	◎
唐菖蒲	空切	注意霉菌	×
铁线莲	敲、剥落表皮、水切	表皮剥开后把纤维敲开	○
圣诞玫瑰	用刀切十字	使用温水	○
嘉兰	热水浸、空切	去掉花粉、5℃会迅速造成低温伤害	◎
鸡冠花	热水浸、水切	注意霉菌	○
大波斯菊	热水浸、水切	不经风要注意	○
蝴蝶兰	用刀空切	温水	○
古代稀	热水浸、空切	水很容易浑浊所以要勤换水	○
麻叶绣线菊	敲、空切	易蒸发水分所以要放在深水内	○
葱属	空切	花瓣比较脆弱要注意	○
樱花	割、空切	品质保持剂有效果	◎
宫灯百合	热水浸、空切	叶怕干燥，需注意	○
龙船花	热水浸	因为会流树液所以要勤换水	○
芍药	热水浸	花蕾还硬的时候轻拭表面	○
秋牡丹	热水浸	茎弄得短些放在深水里	○
姜属	水切	要注意花的捂烂，破损	○
香豌豆	热水浸	注意霉菌	◎
水仙	空切	可以用单叶类的品质保持剂	×
山萝卜	水切	低温管理	◎
芒草	沾醋	给叶子加湿比较好	×
铃兰	水切	树液有毒，要勤换水	○
勿忘我	热水浸、空切	吸水后保持通风良好	○
紫罗兰	热水浸	注意花捂烂	○
黄栌	用刀切、割	不耐干燥要注意空调的调节	○

品　种	最适合的吸水方法	要　点	品质保持剂糖分量
景天	热水浸、空切	热水浸过变色的部分切除	×
千日红	热水浸	10秒左右即可	○
草珊瑚	敲、热水浸	吸水后水易脏，所以要勤换水	×
一枝黄花	热水、空切	叶子很弱要尽力去掉	◎
大丽花	水切	叶子要尽可能去掉	◎
郁金香	空切	一定要低温管理	○
喷雪花	热水浸、空切	叶子多的话茎内的水下降快，所以叶子要多去掉些	○
茶花	割、空切	空切之后再割更好	○
异果菊	热水浸	5~10秒即可	◎
单瓣飞燕草	热水浸、水切	用环保果冻运输空切比较好	◎
巨型飞燕草	热水浸、水切	热水浸10秒左右即可	◎
石斛蝴蝶兰	用刀切	如果茎腐烂应多切除一些	○
洋桔梗	热水浸、空切	品质保持剂有效果	◎
油菜花	热水浸	可以低温管理	○
黑种草	水切	吸水的时候可以省去落花的东西	○
尼润属	空切	太低温花容易受伤	○
蔷薇	热水浸、空切	干式运输要热水浸	◎
荚蒾	刀切、把表皮剥落	一摇花就会掉落，要注意	◎
金丝桃	空切、热水浸	摘除变黑的果实	×
向日葵	热水浸、水切	叶子太多去除一部分	○
风信子	空切	黏液太多要擦掉	○
针垫花	空切	去除下面的叶子	○
钉头果	热水浸、空切	和蓝星花同属萝藦科	×
寒丁子	热水浸、水切	因为树液水易下降	◎
柴胡属	热水浸	一旦吹风水易下降	○
小苍兰		可以低温管理	○
凤尾百合	空切	把下面的花去除	○
蓝星花	热水浸	白色的树液会妨碍吸水性	◎
帝王花	空切	湿度高的时期要注意花的捂烂	○
酸浆	热水浸	叶子也做观赏时要勤修剪	×
阿米草	热水浸、水切	要开花的时候用热水浸	○
松	空切	叶子上浇点水放置干燥	×
短舌匹菊	热水浸、水切	尽量把下面的叶子去除	○
贝利氏相思树	割十字、用刀切	使用含糖分多的品质保持剂	◎
忘都菊	热水浸、水切	热水浸个几秒就可以了	○
葡萄风信子	水切	低温保存可增加保存时日	○
桃花	割、空切	注意干燥	◎
蓬莱蕉	空切	不能使用含有糖分的品质保持剂	×
桉树	空切	要注意新芽的干燥	×
夕雾草	热水浸	大的叶子要尽可能去掉	◎
珍珠绣线菊	敲、空切	蒸腾量大要多放水	○
百合	空切	把对保存没有影响的花粉去掉	○
丁香花	刀切、表皮剥掉	含糖分多的品质保持剂有效果	◎
飞燕草	热水浸、水切	叶子尽可能的去掉，注意霉菌	◎
花毛茛	水切	市场上销售的吸水剂也有效果	○
阳光百合	水切	要注意花瓣很容易受伤	○
龙胆	水切、空切	摘除授粉变色的花	○
革叶蕨	叶水、空切	给箱子泼点水来降温	×
淘金彩梅	空切	注意防止捂烂	○

鲜切花的照管

关乎着店铺的管理技巧。
鲜花能以怎样好的状态提供给顾客,
照料、管理好采购来的切花是花店的生存之本。

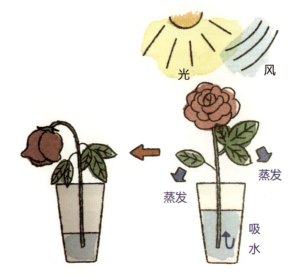

光与风导致吸水性恶化的模式图

切花的寿命是有限的。一般以为放到冷库里可以阻止花卉的衰败,但这是不可能的。低温保管可以延缓衰败的进程,并不能阻止。就算肉眼看起来是新鲜的,切花内部已经在慢慢衰败,顾客买回家后有可能马上失去了观赏价值。所以,为了提高客户满意度,需要对切花进行恰当的管理。

而且,在花卉到店后,要在第一时间对花卉进行保水处理。

切花保管的环境

1. 温度环境

保管切花的环境温度越高,花卉呼吸作用越强,会消耗营养物质,从而保鲜期就变短了。所以,低温保管比较好。花店最好备有冷库。

从冷库里拿出来陈列时,温度越高保鲜期变得越短。所以,陈列过程中的温度也不能过高,一般以 15~25℃为宜。

2. 光环境

切花不能放在阳光直射的环境。如果日光直射,花卉本身的温度就会上升,会直接缩短它的保鲜期限。同时,切花的保水量相当于吸水量减去蒸发的量,阳光照射后切花气孔就打开了,蒸发就会加快。结果就是失去大量的水分,保水变得很差。

为了阻止保水效果变差,需要设置光照不到的时间带。夜间关灯就可以了。

3. 乙烯

乙烯是使切花保鲜环境恶化的气体。空气中的乙烯浓度越高,花瓣就会枯萎、掉落。乙烯主要从苹果和香蕉等水果中产生。还有线香、石油炉、烟草灰、汽车尾气等也会释放乙烯。所以陈列切花时需注意,尽量不要靠近这些源头。

对乙烯的抗性,根据切花品类不同,有一定

程度的差别。如下表，抵抗乙烯很弱的代表品种就是康乃馨、飞燕草、香豌豆等。但是，这些品种一般生产者在采花后，会使用一种STS的品质保持剂进行处理。一旦用STS剂进行处理后，切花就不会受乙烯的影响，就算放在乙烯浓度高的环境下面，也不会缩短保鲜日期，所以乙烯并不会对它们造成很大的困扰。

感受性	品　类
非常高	康乃馨
高	宿根满天星、香豌豆、飞燕草、石斛
稍高	风铃草、金鱼草、紫罗兰、洋桔梗、玫瑰、蓝星花
略低	六出花、水仙
低	菊花、唐菖蒲、郁金香、百合类

为了规避乙烯的影响，可以在冷库里安装过滤乙烯的装置，使用无乙烯的资材，都是比较有效的。同时，频繁地进行换气也可以减轻乙烯的影响。

4. 其他环境

陈列时，空调出风口的风不能直接对着切花。否则会加速蒸发、保水效果也会变差。

活水

把切花插入自来水里，切口处的糖分物质等、微生物的营养源就会溶解出来，可以促进繁殖，阻塞导管，使保水效果变差。为了解决这些问题，必须使用以抗菌剂为主要成分的品质保持剂。零售店用的保鲜剂按照固定倍率稀释后，可以抑制细菌的繁殖，防止保水效果恶化，还省了换水的工夫。

注意切花下面的叶片要去除，若浸到活水里的话，易繁殖细菌等的微生物，阻止吸水，因此不要把下面的叶片浸到水里。

低温的活水对保鲜有一定的帮助，但是水温

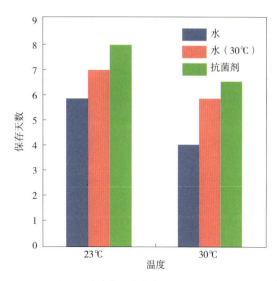

图 2-1　玫瑰鲜切花放在低温水及抗菌剂中，分别在常温（23℃）和高温（30℃）所产生的保存时日及影响

维持再低，细菌还是会慢慢滋生，还不如使用抗菌剂来得有效果。

容器和剪刀的清洁

茎秆回切时，从切口流出来的汁液会粘附在剪刀上。汁液是细菌的营养源，含有大量的糖分物质，容易滋生繁殖细菌。所以要把剪刀洗干净，做好清洁工作。

同样水桶等容器脏了也会阻碍上水效果。所以必须把容器洗干净。

对顾客的说明

对于顾客提出的问题，关于切花的处理和信息等需耐心地做出说明。特别是对切花了解较少的顾客，肯定希望事先说明切花的处理和目标保鲜日（表2-2）。

1. 花瓶和剪刀

勤快地清洗花瓶和剪刀，保持工具容器卫生

的东西。

2. 鲜花保鲜剂

鲜花保鲜剂（flower food）可以延长大多数切花的保鲜日期。鲜花保鲜剂的成分主要是糖分物质和抗菌剂。通过糖分物质使花蕾开放，通过抗菌剂维持良好的保水效果。使用鲜花保鲜剂效果特别好的品种，比如玫瑰和洋桔梗（图2）。但是，百合和马蹄莲等品种，鲜花保鲜剂的效果并不明显。

3. 切花的长度和叶片有无

切花叶片的数量越多蒸发得越快，保水效果也会变差。所以在不影响观赏的范围内，叶片还是摘除掉的比较好。切花茎越长，水越难供给到花苞。所以茎还是短一点的好。如果使用保鲜剂，可以一定程度上防止保水效果恶化，切花叶片的数量和长度就不是很大的问题。

4. 温度

低温环境保持，可延长切花的保鲜期。特别是低温条件下开花的郁金香、毛茛、水仙等切花，放在温度高的地方，保鲜日会变得极短。

但是，玫瑰和洋桔梗等大多数的切花，放在温度10℃以下的极端环境里面，即使使用保鲜剂，花苞也很难开得好看。所以，严寒时期，必须避开把切花放温度极低的环境中。

表 2-2　主要切花的标准保鲜日期

品　类	保鲜日期
六出花	14
康乃馨	14
大丁草	7
马蹄莲	5
菊类	20
金鱼草	10
唐菖蒲	5
嘉兰	7
鸡冠花	10
芍药	5
宿根满天星	10
香豌豆	7
勿忘我	14
紫罗兰	5
大丽花	5
郁金香	5
飞燕草	7
洋桔梗	14
玫瑰	7
向日葵	7
洋水仙	7
百合类	7
毛茛	5
兰花类	10
龙胆	10

进行适当地前处理和后处理，常温条件下的保鲜日期。

盆花、观叶植物的照管

盆花与切花的管理方式完全不一样，充分了解它们的习性，把它们最好的状态呈现给顾客。

花店摆放的盆花和绿植等盆栽有非常多的种类。不光是植物，还有各种形状和大小的种植盆，栽培用的基质等。这些盆栽的性质简单来说，就是"以某种鉴赏目的的植物，配套使用相应的容器和土，用最适宜的环境栽培"。和切花不同，它们具备根茎、叶片、花瓣等各种器官。

切花代谢完贮存的营养物质，寿命结束了，观赏价值也就没有了，作为管理者，要尽可能地减少体内养分的消耗。但是，盆栽可以自己制造营养，其管理方法和切花自然不同。通过管理减少养分消耗，积极地补充养分，这些都是盆栽管理的基本方法。

盆花的种类

这里所说的盆花包括用于花坛的矮牵牛、三色堇等一年生草花和宿根草花，和四季都能观赏的仙客来、一品红、盆栽康乃馨、万寿花、迷你玫瑰、蝴蝶兰、大花蕙兰等主要用花盆栽植的花卉类别，以及袖珍椰子和木棉等观叶植物，真是多种多样。大多数盆栽为多年生草花和球根类，母本管理得好，每年都可以开花。

盆花的材质和形状

现在流行塑料盆、外观很美的陶瓷盆，还有迷你观叶等用的玻璃容器。这些盆器各有优缺点，可因材而用。有些盆器底部没有排水孔，不方便排水，浇水时需要引起注意。

用土的种类和浇水

大部分的盆栽植物所用的土都是黏土质的赤玉土，再混合泥炭、蛭石、珍珠岩，具有排水性好、适度的保水效果和肥料吸附力等特点。根据情况不同，有些植物完全不用土，比如兰花用水苔和浮石，有些会使用椰子壳。使用泥炭土或者仅用水苔栽培的植物，等到盆器内的基质完全干掉之后，再从盆器上面浇水的话，基质的中心部分完全浸不到水，浇水变得毫无意义。这时需要准备一个浸水的容器，从盆器底部慢慢吸收水分。

浇水的目的当然是为了帮助根部水分的吸收，同时给予根部新鲜的空气（氧气）。植物根部是需要呼吸的，如果氧气不足导致窒息的话会烂根。

店铺最适宜的植物环境

植物通过光合作用合成养分，通过呼吸作用消耗能量，合成的养分多余消耗掉的能量，才是植物长期生长的关键。维持光补偿点以上的光照条件是必须的，夏天时室内温度需保持在相对凉快的25℃左右，冬天需要保持在10℃以上。为了抑制夜间由于植物呼吸消耗掉的能量，夜间温度与白天的温度差需控制在5℃以内。

注意不要让土壤里的水分过多。植物水分吸收最好的土壤水分含量就是，把土放在手里握紧时，土变成一个团，稍微碰一下就散开了，手掌上只留下一些水气。握紧时水滴一点点滴下来的话，就浇水过多。叶片和植株的表面需要保证新鲜空气的流通，也就是说通风也很重要。植株挤在一起，植株与植株间叶片不干，经常是湿水的状态，容易发生霉变，光线不足也易导致叶片老化黄掉。通风最好是自然风，避开空调出风口。

肥料在光和温度、水分等都适合的条件下，才会发挥效果。

植物管理的目标

到货后几天内能全部卖掉当然是最好的结果，有些时候必须要花久一点的时间才能卖掉。这时如同图1A线所示，需要尽可能长时间的品质保证管理。

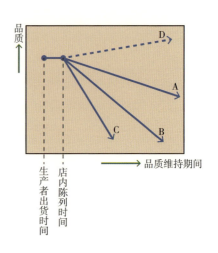

图1 店头盆栽品质管理的目标

店头交货后，如D，商品植株变大，花苞数增多是最理想的。但是实际上都是像A、B、C一样，品质慢慢下降或者急剧下降。即使在生产出货阶段是根据植物理想的环境条件来栽培的，在运输和交货后由于环境压力导致根茎和叶片的功能低下。这个下降的程度根据植物的种类有所不同，一般按照草花类、仙客来等的盆栽、观叶植物的顺序逐渐下降。反过来说功能越容易下降的植物越需要创造符合原生产地的环境。了解光照和温度、土壤水分量、通风好坏等植物所需的条件后，尽可能地创造相似的环境，减少植物环境压力是维持植物品质的根本。

要点就是保证盆栽植物根部的活性。首先，夏天需保持在25~30℃的温度范围，冬天保持在15℃左右为宜，经常能接触到散射光。根据每个盆器的实际情况判断要不要浇水。

盆栽植物分类别管理的要点

穴盒内的草花要及时根据生长量调整密度，如间苗或移栽来扩大间隔，否则密不透风，易生病菌和徒长（图2）。

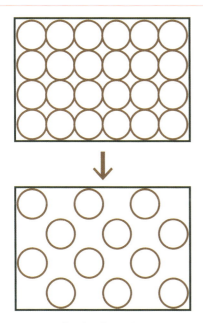

图2 草花类盆栽苗的陈列方法

商品交货后，如图所示把各列的容器苗移栽到别的穴盘里。通过扩大植株间隙保证通气通风，所有的植株都可以确保光照，可以防止徒长、叶片枯萎、病虫害的发生。温度和光照条件好的话，可以长成开花苗，品质和卖相更好。

1. 仙客来、矮牵牛、盆栽康乃馨

季节性的盆花如仙客来、矮牵牛、康乃馨等，可按照本来的开花习性在相应的季节内销售。无论是什么样的盆栽，在店铺环境下，都需要日光照足，温度较高的环境。

2. 迷你玫瑰、圣保罗堇

一年四季都可以出货的迷你玫瑰和圣保罗堇等，可以进行周年生产。万寿花和菊花需要通过人工调控光照，才能保证全年出货。为了提高这类小型盆栽的生产效率，可以以泥炭土为主体来进行栽培。环境恶劣的地方需要注意浇水过多和缺水的情况。

3. 蝴蝶兰、大花蕙兰

作为赠礼用非常受欢迎的蝴蝶兰，大多是用10.5cm盆培育的开花植株，可用大的装饰盆组合。用水苔作为栽培基质，一旦干燥的话，再浇水吸水性会变差，最好是待干透之前少量不间断浇水。另外大花蕙兰用椰子壳和浮石栽培的较多，排水性好，当盆器内布满根系时，水分会干得过快，需引起注意。

4. 仙人掌

像仙人掌这类原产沙漠地区的植物，可以抵抗相对缺水的环境，但是多肉植物的品类中却有需要充分浇水才能长得好的品种。另外，一些时尚的杂货店开始卖多肉植物和迷你观叶植物，很多盆器底部没有排水孔，盆底积水是导致根系腐烂的主要原因。

液体肥料和固体肥料

当室内光照条件不足时，最好不要施任何肥料。光照适宜，植株体内代谢很活跃时才需要肥料。有些时候包括浇水在内，按照规定的一半液体浓度，浇2次水用1次肥料。没有舒适的生长环境，即使用高浓度的肥料，也会导致根毛消失，根系腐烂。植株状态变差，是植物活性下降的表现。植株很脆弱时肥料是禁用的。像观叶植物等不需要强光照的，尽量把固体肥料施在盆器的外侧。固体肥料必须使用缓效性肥料。

5. 观叶植物

观叶植物像蕨类和绿萝等特别好水的，也有像龟背竹这种特别耐干燥、好强光的，或者喜好半光照的，不能用同等条件一概而论。观叶植物相对抗不良环境的能力要强。乍一眼看起来停滞生长的，只要赋予它良好的生长条件，有可能还会萌发出新芽恢复生机。

必须事先了解的光照强度（室内环境）

仅靠室内荧光灯照明，一般盆栽植物必需的光补偿点（1000~1500 勒克斯）是绝对达不到的。如果在光补偿点以下，植物呼吸消耗掉的能量肯定大于光合作用合成的养分，因而光线不足的室内，植物肯定会一天天变脆弱。

为了尽可能长时间的保证品质，把室温控制得尽量低些，抑制植物呼吸量。但是，最好的方法还是让植物接收充足的自然光。

管理场所的温度条件

对于植物整体来说，根系部分的温度略高于地上部分，长势会相对好些。以前的人把这个叫做"头寒足热"，在苗木扦插促进发根时都有用到这个技术。提高盆器内土壤的温度，地上部在相对凉爽的条件下，根系的作用力好，茎叶也很坚实，花朵也开得长。虽然这么说，要在室内创造这样的条件是很难的。

浇水会导致土壤温度下降，夏天浇水后马上进行充足的光照，可以马上恢复到地表温度，冬天可不用冷水，用30℃左右的温水浇水，尽量根据"头寒足热"的原则来操作。

常用的鲜花包装方式

这里介绍青山花卉市场漂亮的包装方法。要表现出花店独有的品味。主要是礼品用的捧花和花束等的包装。

有的花束包装看似简单，看起来却很高级，在用色上面强调品位。今天在这里介绍的青山花卉市场的包装方法，这些包装不用原色，多用彩色的包装纸来创造不同的意境。为了突出花束的高级感，使用了有张力的包装纸，给人塑料自然风的感觉。

有张力的包装纸，尺寸弄错的话，会把花朵弄碎，在整理时紧张的话也会包不好。包装纸的颜色，可从花束中含有的鲜花颜色中进行选择，会相对自然一些。但是使用太多同色系的话，花卉颜色的焦点会模糊。另外，两张包装纸重叠在一起时，里面那张最好用可以衬托花卉颜色的深色系的包装纸，效果会好些。

盆栽从陈列在店铺后，可在盆器上做一点覆盖，插一些吊牌，进行各种可爱的装饰，把盆栽礼品化，这样买回家就可以直接拿来做装饰。

圆形花束 1

把标准的圆形花束用 2 种颜色的包装纸进行包装。关键是最后要加工得具有蓬松感。

| 使用资材
彩色纸（质地薄）1 张
彩色纸（质地厚）1 张
缎带 1 条

1 内侧的质地薄的彩色纸，斜着对折成两半，看起来形成了 4 座山一样（4 座山看起来差不多大小）。

2 如 1 按照 4 座山包起来后，对着外侧质地厚的包装纸的其中一个角，放置花束。

3 从右下角开始包，再把左侧卷过来，形成蛋卷状。

4 在高度一半的地方，一把收紧。

5 把手伸进去，把一些凹陷的地方调整，让其具有蓬松感。

6 手握紧的地方扎上蝴蝶结。

圆形花束 2

上面用玻璃纸蓬松地包裹下。移动的时候不会伤到花。

使用资材
玻璃纸 1 张
华夫纸 1 张
缎带 1 条

1 宽幅和花束一样,长度按照纵向 1 圈不到一点的大小,裁断玻璃纸。从下到上蓬松地覆盖下。

2 用手握紧,用胶带固定住。

3 把花的正面朝下,放在华夫纸的正中间,从两边包起来。

4 上面纸的两端好像 2 座山一样合起来,一把手握紧。扎上蝴蝶结,完成。

花 束
（线条）

纵向长的花束，包装纸包成斜的线条会很漂亮。使用3种不同风格的包装纸。

使用资材
彩色纸（2色）共3张
华夫纸1张
缎带1条

1 对着花束，把最里侧的包装纸弄成斜的线条，下边用手握紧。

2 内侧第2层包装纸对照1放正，在1同样的位置握紧。

3 把华夫纸包在下面，使下面长一点，在左侧处握紧。

4 最外侧用和2一样的包装纸，从右侧包到3一样的长度，然后用手握紧。握紧处扎上蝴蝶结。

花束
（标准）

使用两张纸，包装得蓬松些。要点是两张纸看起来像山交错一样。

使用资材
彩色纸（质地薄）1张
彩色纸（质地厚）1张
缎带1条

1 内侧薄的包装纸的2个角正好在花后面的左右两边，前面放得低一点，用手握紧。

2 外侧厚的包装纸和1的角度错开，像圆形花束1的步骤3一样，卷成蛋卷状。

3 一把手握紧，扎上蝴蝶结。

4 最后整理一下包装纸，完成。

第2章 花店人员应该掌握的技术

包成 1 束

把玫瑰花等 1 支支进行包装。用垫纸演绎自然风。

使用资材
玻璃纸 1 张
垫纸 1 张
缎带 1 条

1 用玻璃纸把花卷起来,稍微预留点空间,重叠部分保留 5cm,把玻璃纸裁断。把花正面朝下,头部距离上面 2~3cm,放在正中间,卷成筒状。

2 把胶带竖着贴在两个地方固定。在花的长度下面 1/3 处握紧,用胶带固定。

3 垫纸上面稍微折下,折成两层,从花的长度一半处往下卷。如 2 一样握紧扎上蝴蝶结。

4 最后整理一下包装纸,完成。

第2章 花店人员应该掌握的技术

盆栽（汤杯）

利用纸质的汤杯做简单的盆栽包装。贴上店铺的标签更具个性。

使用资材
华夫纸 1张
彩色纸 1张
纸质汤杯 1个
图钉 1个

1 准备华夫纸（作为绿植背景的大小）、彩色纸（比华夫纸小一点）、纸质汤杯、图钉、店铺标签。

2 把两张包装纸稍微错开放在绿植的背面，放到纸质汤杯里，用图钉固定店铺标签在汤杯上。

盆　栽
（迷你花环＆花篮）

在小小的花篮里放入绿植进行装饰。加个迷你花环使其看起来更华丽。

使用资材
浆果迷你花环 1 个
迷你苹果 2 个
花篮 1 个

1 把浆果的迷你花环从盆器下面套上来裹住绿植。

2 放到花篮里，把用竹签插起来的迷你苹果插到花篮里。

迷你礼品

把小型的花束放入最小尺寸的购物袋。就这样赠送给别人。

使用资材
工作纸 1 张
彩色纸 1 张
手提袋（小）1 个

用 3 束玫瑰做个迷你花束。用工作纸和彩色纸进行包装。装到和花束差不多大小的手提袋里（最好是袋口能固定住花的尺寸刚刚好）。

花瓶包装

花瓶式的赠礼用包装。插入干掉的果实也可以,看上去像花店的风格。

使用资材
包装纸 1 张
华夫纸 1 张
蝴蝶结 1 个
果实 1 个

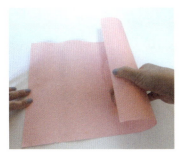

1 用包装纸把商品卷起来,纸张长度是花瓶的 1 倍,宽度按照 1 圈半裁断。下面比花瓶半径大 1cm 卷成筒状,用胶带封住。

2 底部从左右往里凹,剩下两边也都往里折成三角,用胶带固定。

3 握在花瓶上部,扎上蝴蝶结。把快变干的果实插在打结处。

花店的待客之道

根据检查项目每天核对一下吧。顾客被接待得是否舒服，成为回头客的待客之道是什么样的呢？让顾客愉快地购买花卉。

奶奶的身体还好吗？

待客的重要性是顾客选择花店的关键点

待客之道对于花店来说，是和商品一样重要的因素。

就商品而言，唯一的商品当然是最好的，即使您店铺的花卉其他店铺也有，比如来自同一个生产地的玫瑰、大丁草等。但是，每家店铺的待客之道是人对人的，是独一无二的关系。人在心情好的时候买花，买了花以后心情变得兴奋、激动。花卉多是用于礼品购买的，顾客当然希望买得舒心，千万不要在这个时候破坏客人的心情。

同时，花店的地域性较强，像以前鱼店的老板夫妇一样，通过商品知识和日常对话交流构筑信赖关系，做生意也会变得很开心和顺利。

集客力高的店铺"QSC"是基本

关于待客之道，您的店铺主要注重哪一方面呢？集客力高的店铺"QSC"是基本。Q（Quality）是品质，S（Service）是服务，C（Clean-ness）是清洁度。关于QSC，您的店铺达到什么样的标准了呢？对于店员而言，即使店员每天是在重复同样的作业，对于顾客他来店的那一天，那一天他对花店的印象就是他的整体感受。

下图列举了在实践QSC过程中的搭配组合。

1 最大限度地掌握技术和知识

接客技术、花束制作、插花制作、包装技术。盆栽的栽培知识、切花的保水处理方法等。

2 一直保持笑脸交流

为了一直保持笑脸，调整好身姿。

3 创造顾客轻松购物的环境

花卉的位置、高度。易看、易取。

4 进店容易度

可以自由购物。进店时必须跟客人打招呼，不需要跟得太近。顾客如果有需求的话，肯定会朝店员看，顾客有什么需求的话，要主动给予建议。

5 每天都是绿色的

勤劳地打扫，使店铺始终保持清洁（店内、店外）。叶片落了要及时拾捡。

读取顾客的签名进行对应

来花店的顾客，有慕名走进来的、有被花卉治愈的、有特别想买花的……顾客对花的需求各种各样。不要错过顾客释放给你的信号，根据顾客的需求认真接待。通过跟顾客接触，将商品信息（操作方法、名字的由来、保鲜日、香味、彩色包装等）用POP或者语言来传达，让顾客满意。

努力提高店长、店员的能力！

即使有心想做经营者或者店长，如果不能传达给店员的话，也无法传达给顾客。为了提高顾客的满意度，提高店员的满足度也是非常重要的。把店铺的理念传达给店员，点燃店员心中的激情。花是不会自己说"我很美丽"的，必须通过店员去传达到顾客那里。

给店员做分工明细

明确需要预测和计划销售部分，根据高峰时和歇业时的工作量，明确各个店员的分工。

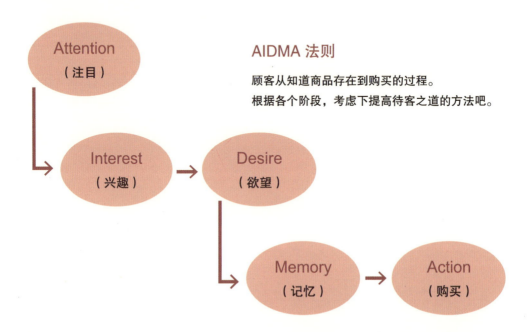

AIDMA 法则

顾客从知道商品存在到购买的过程。
根据各个阶段，考虑下提高待客之道的方法吧。

待客之道检查要项

☐ 1. 花、寒暄、清洁每天都做到了吗？

☐ 2. 有没有给来店顾客做类型划分？

☐ 3. 作为顾客的倾听者，有根据 TPO 原则考虑顾客的需求吗？

☐ 4. 季节用花的推荐和适当的管理方法，有给顾客合理的建议吗？

☐ 5. 操作过程中，有让在排队等的顾客不感到无聊吗？

☐ 6. 下次可以接续使用的待客之道和服务有做到吗？

☐ 7. 全体店员可以正确说出店铺的基本概念吗？

☐ 8. 开店前和关店后，有设置开会的时间吗？

☐ 9. 店员无论谁临时请假，都不会造成工作停滞吗？

☐ 10. 明年母亲节的日销售计划、店员的分工担当计划都做好了吗？（其他节日也可以）

检查要项的说明

1 → **经常性地校对"QSC",维持住水准**
有没有枯萎的花,服务是否到位,店内、店前的清洁整顿工作等,做个简单的检查列表,每天清查下。

2 → **是回头客还是新顾客?**
经常性的检查特定商品和POP等,对于发出"想要"信号的顾客可以自然地对接。注意不要目不转睛地盯着看,或者影响客人的视线。

3 → **做个好的倾听者**
顾客会传达各种各样的信息。"抓住说法的要点""听客人把话说完""用笑脸待客""随身附和热心倾听"是关键。

4 → **作为花卉的专家传达信息**
"管理方法""色彩检定""花香和花的由来""潮流的设计"等,不用专业术语,用通俗易懂的说明。

5 → **让等待的时间也变得愉快**
制造愉快的话题,作业台周边摆放卡片、小饰品等,包装作业过程中,不让顾客觉得无聊,顾客说不定还会加单。

6 → **确保回头客和提高客单价**
记住客人的姓名和脸,把握客人的喜好。但是不要干预太多私人的事情,保持适当的距离感。

7 → **店员全体共知店铺概念**
去参加花束和包装等的学习会,把概念具体化后相互共享。

8 → **开店前设定目标,开店后发表达成率**
计划、实施后对结果评价,然后进行改善。根据 Plan → Do → See → Check 进行业务运营。

9 → **培养店员熟悉整个业务流程**
花店的工作不仅仅是提高花卉相关技术水平,采购和待客等要全部都接触,从一开始就都涉猎学习。

10 → **从实际销售业绩来预测、计划性的采购和确保人才**
忙的时候也不给客人添麻烦,做好万全准备,做好店员的分工明细。

活用互联网

花店所运营的网店是指？

互联网是千人力

1990年代中期，E-mail最早开始出现时的惊讶与感动，相信至今仍有很多人清晰地记得吧。再远的距离、甚至于在海外的人也可以随时交换信息，而且是免费的，感觉是处在异次元的世界里移动的新鲜感。

之后过了近20年，随着通讯的基础设施和IT技术的显著发展，时至今日在网络上以惊人的速度开起了低成本高性能的"自家店铺"，向许许多多的人发布各种信息。不光是文字和图像，也可以发布动画，以前只有媒体和大企业能做到的高水准信息发布，网络时代谁都可以轻松地发布。"没有互联网想不到的事"的时代已经到来，从这层意思来说互联网就是合了千人之力！

"大前提战略"比什么都重要

随着花店活用互联网，首先应该做的事情就是"制定大前提战略"，但往往很容易陷入"先做个公司主页吧"这种漫无计划的状况，虽然不能说是毫无成果，但是会造成大量费用和劳动力流失，是无法长时间维持下去的。首先应该做到自身活用互联网，实现所想要达到的目标，把过程用宏伟的故事蓝图描绘出来，然后集中精力到先行投资上。

"网店"运营的基本

这里举个简单易懂的例子，网店把"获取订单"设为目标的话，在开设"网店"时应把控的几个点，来详细展开说明下。

在开设网店前需决定、实施的事情按大的来分，集中在以下几方面。

①面向谁的什么需求，提供什么样的商品（价值设定）
　→商品的原价率
　→运费设定（物流公司的选定）
　→最短时间（下单至到货所需要的时日）
②预算（预计收益、运营费用、初期投资）
③结算方法（事先打款、信用卡、货到付款、后付款）
④下单至发货为止的工序的决定
⑤网页上的表现方法（做主页）
⑥集客方法（获得新顾客）
⑦顾客管理（顾客的回购率化）

相信您看过以后也能明白，"做主页"这项工作只是这些项目中的一个点而已。还不如先按照①~④构建商业框架，然后制作网站来表现这个架构。经常会听到有些人烦恼"该做什么样的主页好呢？"在考虑的同时如果没有自己的战略的话，确实是不好下判断。

下面来说明下其他一些辅助性的项目。

①什么样的商品针对什么样的顾客，以什么价格，也就是说，向顾客提供什么样的价值产品，毫无疑问是最先应该决定的事情。但是，现在的网络销售（包括花卉以外的全部商品），作为店铺本身的附加价值，让顾客认识到的关键点在于把

○网店每月计划获取多少万日元的订单？
○在网上发布信息，预计每月多少人光顾？
○通过在网上发布的信息，宣传自己店铺的品牌？
※ 我知道很多都想说要"全部！"，但是我觉得首先还是应该尽量集中才是成功的秘诀。

重心放在提供比商品价值更高的服务，"信赖我就马上送达""含运费、手续费的总额更便宜"。当然，商品的附加价值特别优越，而且可以毫无保留地传达给顾客是最好的，仅限于 WEB 网站上有限的页面，要抓住用户善变的心，标注"明日送达"这些浅显易懂的字眼，可以更加发挥效果。和竞争店铺的服务内容相比较，在某些方面凌驾于其他店铺之上，或者至少必须明确消除相形见绌部分。需要设定这些部分的成本和原价相比的原价率。

②在此基础上，核算下"获得一个订单实际利润有多少""月平均估计会有几个订单"，就可以算出网店的月预估毛利。根据这个，每个月运营费用开销多少，初期投资分几个月回收，就可以大概张罗起来。注意，能按照最初的规划发展的例子是很少的，需要定期的进行修正和改善。

③设定好结算方式。作为店铺最恐怖的就是"未回收"，也就是说收到订单后产品也发给客户了，却有收不到钱的风险。货到付款比较受顾客的欢迎，这样肯定会有一定比例的未回收款，必须要谨慎。

④有了这样的基本商业设计以后，接下来就是运作的流程。收到订单后，经过什么样的任务流程完成发货。"向客户发送订单确认""采购的准备""商品制作、打包""开发票""交给物流公司""结算处理"这些是最低限度需要做的步骤，有时候也会需要"拍摄商品图片发给顾客""把配送发票单号发给顾客"等附加服务。把整个任务流程清理下，什么阶段由谁来做，设定明确的路径。重要的是即使订单少的时候，这些任务也都不能省略，需要彻底施行。特别是网店成立初期，完全没有订单需要处理，就养成了偷工的陋习，一旦真的订单来了就漏掉了操作流程，无法在指定日之前到货，就有可能造成客户投诉。任何事情都要以"产生订单为前提，没有的话就有异常"为思想出发点。

⑤蓝图描绘到这里，终于要开始制作网页。关于网页制作需要专业书籍，拿最重要的一点来说，在研究①~④的过程中，明确将"创造店铺独有的销售方式"变成"看网站首页就能一目了然地明白"。例如店铺名是"××花店网上店铺"好，还是"高品位的玫瑰花店以及礼品店"更能打动客户的心。然后在首页上标明"现在首推的玫瑰就是这个"，顾客就能马上明白这家店铺的理念。

相反对于需要蝴蝶兰盆器的顾客来说，也能领会"这家不是我要找的店铺"。抓住目标客户层的心的同时，让不是核心客户层的顾客早点明白，也是服务的一环。只要不是一定量以上的规模，"什么都可以提供"这种总括的诉求，只会给顾客造成困扰，需引起注意。

⑥开设网店以后，需要专门下功夫的就是汇集顾客。集客分为2个阶段。第1阶段是"让更多的人登录自家网店"。在乐天市场等购物网站上开店时，购买商城自身的广告空间，参加商城活动是会带来一定效果的。另一方面，在自己公司网页上开设网店，使用搜索引擎所运营的排名广告，做预算也比较方便，也有实际效果。

搜索引擎根据自己店铺的设置关键词搜索，被搜索一次就产生一次费用支出（价格根据关键词不同不一样）。从管理画面来说关键词的费用及效果次日就可以掌握，选择效果好的关键词，效率会逐步提高。

第2阶段是提高"登录网店的人中实际购买的人数"措施（转换率=CVR）。例如100人登录网店，实际下单的就1个人，CVR就是1%。提高CVR有各种各样的方法，有一种割爱的方

式，比如就锁定"增加新顾客"这一点，附加"初次购买全部商品优惠5%"等特惠活动。同时，针对送礼的顾客想自己先试用下的需求，也可以推荐"您自家用的试用搭配"，而且购买地址选寄两处的话可以赠送优惠5%的消费券等。在这些部分花的创意工夫会直接反映在销售数字上，是非常值得一试的。

⑦把网店引导向成功最关键的还是"顾客的回购"。如上所述，为了获得新顾客，需要花费一定的成本（金钱），让下过一次单的顾客再次下单，可以始终维持低成本。其中一个例子，某个纪念日买了礼品的顾客，可以想象会有很高的概率，他明年同一天也会有相应的需求。对于这些顾客，在2周~1个月前给他发一封邮件"今年怎么样呢？我们给你优惠哦！"，很有可能他们会再次下单，这个无须多做说明应该都能理解。在实施这些措施基础上，"顾客管理"，需要顾客的数据基础（=DB）。大部分的花店是基于纸做笔记来记录顾客DB，如果可以的话，最好在电脑上，而且是综合实际店铺和网店两者的顾客DB。随着时间的流逝，顾客越来越多，顾客DB对店铺而言是最重要的"资产"。

把网络活用到"实际店铺"的顾客汇集

活用互联网并不光是指获取网络上的订单。对于来实体店铺的客户，发送邮件指引，在微博的粉丝页面上集赞，可以提供各种各样的信息。"今天进了很稀缺的品种，请一定要来哦"发布这些信息，引导顾客来店，"针对今日来店顾客的限时优惠"等在网上接收约定，商品的交接和结算在店铺进行等服务也都可以考虑。

"综合传媒效应"的想法

通常大型企业的广告战略，在于发挥包括电视 CM、新闻广告、Web 网站、目录册等媒介的各种特性，让顾客全面地接触到，并进行诱导。利用网上的各种传媒手段的特性，也可以制定"网上的综合传媒战略"。例如，"为了增加来店购买顾客"，活用邮件、微博微信、网店等各种综合的媒体，同样是网络宣传手段，也有其各自不同的显著特性。邮件发到对方手里比较礼貌，微博是对等的关系中自由地共享信息，网店是顾客特意光顾，更加诚恳。

包括动画和智能手机的 APP 在内，理解在持续进化的网络媒体的特性，把想要发布的信息选择合适的综合媒介的技术，今后也会变得越来越需要。

可视化和数据化

最后来说明下活用互联网另外很重要的一点，那就是顾客动向的"可视化""数据化"。顾客是怀着什么兴趣来店的（关键词搜索），网站内浏览了哪些页面，停留了几分钟，最后买了什么商品，或者说在哪个部分放弃订单离开的，利用"Google Analytics"服务可以免费获取。通过活用这些信息，例如"把商品加入到购物车的人占登录网店人数（1000 人）的 10%（100 人），实际下单的人（CVR）仅为 1%（10 人）"，商品自身有 100 人感受到其魅力，可以想象最后没有购买的 90 人肯定"因为某种理由"。假设店铺的购买率增加到 3 倍 30 名，就需要 3000 人来店，是投 3 倍的广告费，还是在提高 CVR 到 3% 上下工夫，从效率来说毫无疑问选后者。也就是说，需要把力气花在逐一去改善导致途中取消下单的 90 人的"某种理由"上面。探究"某种理由"是比较费劲的，积累经验以后最后自然会总结出特定规则，最开始还是安心的多下点工夫吧。

花店必备的工具

在此基础上发展延伸，打造属于你的特色花店吧。但是首先要有扎实的根基，相信一定是变化丰富的道具，花艺师所必须的道具是怎么样的呢？

保鲜剂

客人购买的花保鲜期长的话，下次还会来这家店买。店铺为了保持花卉的品质和鲜度，必须要用保鲜剂。保鲜剂可以给花卉补给营养并杀菌，这样一来还可以减少浇水的次数。有些还能使花苞绽放得很美，让客人尽可能多延长1日欣赏花卉。

水桶

水桶是花店的必需品。有塑料的、金属的各种材质，大小各种尺寸，可选择结实点的。水桶和花的量的平衡和配置等，在陈列的时候需要引起注意。

剪刀、小刀

切工好的剪刀和小刀是花艺师的必需品。在选择时，切得快钝当然是首要的，用得顺不顺手，是否有一定的分量感。不是很轻，有一定程度的重量感，在剪切花的时候不需要花过多的力气，就是合适的。使用后的剪刀和小刀需要马上用酒精消毒剂等擦拭进行清洁。

花泥

插花制作不可缺少的花泥（吸水性海绵）现如今也是花店的必需品。标准的立方体砖头造型、环状的和心形的、捧花柄、彩色的，变化丰富，根据用途来区分使用。在吸水时，不需要强力浸仕水里，浮仕水上面自然就会吸水了。

缎带

缎带作为包装的收尾和点睛之笔也是花艺师的必需品。从粉色系到红色到紫色的渐变色系配齐，会比较方便。除此以外，用花的相反色整齐地扎起来也是不错的选择。

纸袋、宅配用的盒子

用来装花礼的纸袋根据商品的尺寸也准备几个样式。同时宅配用的盒子也要准备,订单花束和插花、盆花等不会在里面移动,可以固定的装置。在资材店里调配下,准备好各种大小尺寸。

挑剔花艺师的杂货排行榜

在备齐各种基础道具后,从里面挑选出自己用得惯的道具和偏好的道具吧。下面按照男性店员和女性店员分别搭配了一下。

围裙:短款和长款。超防水加工,透气性好,穿着很舒适。腰带上有橡筋,尺寸可调节。还有附属的腰带,女性可选择性地佩戴,比较时尚。

剪刀包:使用国产滑革的定制款。有10个颜色,仿旧洗加工和指定2个基调。有内袋,刀刃的顶端不会碰到外层皮革,耐久性较好。

万能剪刀右卫门系列:江户、文久年间传承下来的越后木剪的创始人和蔷薇园植物墙共同开发的剪刀系列。锋利度当然不在话下,重量也适度,比较好拿,可以轻松地修剪枝条等。

花器、篮子等

将顾客在自己家里也可以方便使用的、百搭的花器陈列在店头,在给客人建议的同时,也可以把花和花器组成套装销售。篮子是插花的基础,也是必需品。除了陶器、玻璃花器和篮子以外,还有塑料制和纸制,树脂制等各种各样的,在日常的时候多留意下造型好的器皿。

价格牌

为了让客人安心,明确标清楚价格。除了价格以外,标记花名、特征、生产地等信息,不仅可以向客人提供花的知识,还可以成为店员和客人交流的契机。

花卉饰品

装饰品和插针类、松果、迷你苹果等,是制作插花时常用的素材,也是销售绿植盆栽的好机会。在迷你绿植上加点插插的装饰放置在店头,商品会更吸引眼球。

制定年度销售计划
——年度 52 周的 MD 计划

致力于提高来年的销售额。制定计划并付诸实践，收集数据，制定年度计划，打造爆款，向顾客传达，有花的生活理念。

所谓 MD 是指？
编写 1 整年的故事

相信你经常听到 MD 这个词，是 Merchandising 的缩写，即以合适的价格和时机向消费者提供想要的商品的活动。花店的店头陈列着代表四季的美丽花卉。但是这些美丽的花卉摆得很杂乱的话，相信顾客也是不会买的。因为花卉是嗜好品不是生活必需品。把拥有花卉和绿植的生活愿景传达给顾客，相信会造成一定的购买率，这也是花店的一个重要课题。让顾客感受到花卉的美丽，编写 1 年的故事，就是 MD 计划。

为什么母亲节花卉比较畅销？

1 年之中鲜花最好卖的时间，日本对于大多数花店而言都是在母亲节。其他销售比较多的日子就是春分、毕业、开学式、盂兰盆节、秋分、圣诞等节日。其他还有爱妻日、含羞草日、白色情人节等纪念日。母亲节为什么卖得好？母亲节要送给妈妈康乃馨等花，这已经变成一个固定文化。就好比在海外情人节是一年当中卖的最好的日子。在情人节那天，男性向女性送花已经变成了一种文化。以俄罗斯为首的东欧国家，含羞草日是送花给女性的日子。日本也是，从 2011 年开始情人节是男性向女性送花的日子，花卉业界连成一体举办情人节活动。

MD 计划
——把活动和展会结合起来

为了增加花店的销售额，提高母亲节等节假日的销售额，向顾客传达从平日到花卉的时令节日、根据岁时记享受花卉的乐趣的重要性。具体来说就是把 1 年按照周划分为 52 周，按照每周设定主题向顾客传达诉求。以周为单位做切分，可以不断地向顾客建议不同的商业花材。希望经常光顾的顾客可以买的更多，成为经过店铺前的客人的来店动机，肯定销售额也会有所提高。春天的郁金香花展，4 月的大丁草花展，夏天的向日葵花展、冬天的仙客来日等，经常性地向顾客推销，做成花卉的岁时记一览表。也可以考虑跟产地结合，举办"产地展"等类似的活动。为了提高销售额，和顾客的交流是第一位的。MD 计划也可以说和顾客的交流计划。

52 周的年度计划

一年按照从 4 月开始至 3 月结束来管理的话，2 月要制定年度的 MD 计划。年度 52 周的计划一开始可能会有点够呛，开店第 2 年，根据上一年度的销售额结果进行修正即可。

反映顾客的心声也是非常重要的。制定 MD 计划是指计划（Plan）、实践（Do）、结果检验（Check）、改善后活用到次年度（Action），循环 PDCA 的过程。年度 MD 计划下面有做介绍，计划做成以后，把节假日和花卉的时令日等添加进去。

1. 节假日

日本的节日有：开学式、赏花期、母亲节、铃兰日、父亲节、七夕、孟兰盆节（新历）、中元节、孟兰盆节（旧历）、敬老日、秋分、中秋节、万圣节、七五三、好夫妻日、圣诞节、岁暮、年末年初、成人节、爱妻日、情人节、桃子节、含羞草日、白色情人节、春分、毕业式、送别会。

2. 花卉时令

马蹄莲日、大丁草日、霞草日、仙客来展、郁金香展、香豌豆展。

3. 年间

玫瑰展、康乃馨展、菊花展、产地展、新品种展。

年度计划的实施

制定年度计划后就要做各个周的实施计划。根据主题，以谁为目标客户层，什么样的商品以什么样的价格销售。根据展会不同有时也许要做特别的商品企划。是否要做海报和 POP。通过在黑板上手写告知给顾客。为了让顾客知道要怎么办才好呢。根据展会时要做些什么来决定采购计划。当然也要根据当时的市场行情，需要灵活地处理。

年度 MD 计划的验证
镇店之宝

把 1 年 52 周的展会主题和销售业绩制作成表格。哪个展会卖得好，或者卖得不好。记录各个周顾客的反映也很重要。如果展会举办得圆满的话，在店头向顾客问卷调查也是非常有效的。1 年按照周分类的销售业绩表和顾客的反馈记录对于店铺来说，是非常重要的基础数据。按照 1 年做个排序，什么时候最好卖。恐怕首位就是母亲节了吧，另外可以掌握接下来好卖的是哪一周。

详细记录各周的销售数据、来店人数、客单价、花材、损耗率等，2 年后以这些数据为基础，可以制定强有力的年度 MD 计划。连花材也一起记录的话，还可以做年度调配计划。和市场、批发商商量，作为举办产地展的基础参考数据。

和顾客交流，满足顾客的需求

日本有庆祝各个季节时令的习惯。同时，要应对顾客多样化的需求。这里说明了按周管理的年度 MD 计划。店铺要始终有意识性地向顾客推销，店员和顾客的交流是非常重要的。在小小的店铺里，每周可能做不到，以半个月为单位，或者以 1 个月为单位开始行动吧。

第2章 花店人员应该掌握的技术

表 2-3 年度计划案例

周	日 程	展会形式	活 动
1	3/31~4/6	新生活应援展	4/1 愚人节
2	4/7~4/13	橙色展	4/14 橙色岁月
3	4/14~4/20	大丁草展	4/18 大丁草日
4	4/21~4/27	康乃馨展	4/23 加泰罗尼亚情人节
5	4/28~5/4	母亲节展	5/1 铃兰日
6	5/5~5/11	母亲节展	5/5 菖蒲日 第 2 个周日 母亲节
7	5/12~5/18	芍药展	国际玫瑰和婚礼秀
8	5/19~5/25	玫瑰展	
9	5/26~6/1	绣球花展	
10	6/2~6/8	父亲节展	
11	6/9~6/15	父亲节展	第 3 个周日 父亲节
12	6/16~6/22	绿植展（满天星）	
13	6/23~6/29	半年展	
14	6/30~7/7	七夕展	7/7 满天星日
15	7/8~7/13	酸浆展	7/15 盂兰盆节（东京地域）
16	7/14~7/20	观叶植物展	
17	7/21~7/27	向日葵展	
18	7/28~8/3	百合展	8/1 盂兰盆节
19	8/4~8/10	兰展	
20	8/11~8/17	盂兰盆展	8/15 盂兰盆节（旧历）
21	8/18~8/24	澳大利亚展	
22	8/25~8/31	南国展	
23	9/1~9/7	大波斯菊展	
24	9/8~9/14	敬老日展（龙胆）	9/9 重阳节、9/14 大波斯日
25	9/15~9/21	敬老日展	中秋节、秋分周
26	9/22~9/28	秋分	秋分周、秋分
27	9/29~10/5	红叶展	
28	10/6~10/12	大丽花展	
29	10/13~10/19	菊花展	
30	10/20~10/26	万圣节展	10/20 儿孙日
31	10/27~11/2	万圣节展	
32	11/3~11/9	圣诞节筹备展	
33	11/10~11/16	租赁展	11/ 中旬 七五三
34	11/17~11/23	好夫妻展	11/22 好夫妻日
35	11/24~11/30	仙客来展	岁末订单处理
36	12/1~12/7	一品红展	
37	12/8~12/14	圣诞插花展	
38	12/15~12/21	圣诞展	
39	12/22~12/28	年初年末展	12/25 圣诞节
40	12/29~1/4	正月展	12/31 除夕
41	1/5~1/12	香豌豆展	成人日
42	1/13~1/18	郁金香展	
43	1/19~1/25	银莲花展	
44	1/26~2/1	毛茛展	1/31 爱妻日
45	2/2~2/8	花卉情人节	
46	2/9~2/15	花卉情人节	2/14 花卉情人节
47	2/16~2/22	风信子展	
48	2/23~3/1	女儿节展	
49	3/2~3/8	黄色花展	3/8 含羞草日
50	3/9~3/15	白色情人节展	
51	3/16~3/22	郁金香展	毕业式、感恩会
52	3/23~3/29	樱花展	

第 3 章

花店实体案例

　　畅销的花店是怎样的？让我们来看看这几家人气花店。它们从开始就富有自己的特色，有在车站内客流量很大的店、有立足于某一地区的店等。

　　每家店都有很多卖点，相信一定能对你有所启发。

被公园的绿色所包围，被花与绿植所治愈，让生活更加美好

日比谷花坛

Shop Data

东京都千代田区日比谷公园 1-1
TEL：0120-390870
营业时间：9:00~19:00
（周六、周日、节假日 9:00~18:00）
休息日：无休（年末年初除外）
http://www.hibiyakadan.com/hibiyakouenten

　　日比谷公园店是在 1950 年开店的。作为战后复兴计划的一部分，在东京都知事"在市民休息的地方开一家模仿海外的花店"的要求下开店了。直到 2009 年，店铺一直秉持着"集中花店同业人士休息的场所"这一理念。

　　2009 年重新改装的店铺是由建筑师乾久美子所设计的。由 5 幢统一 7.5 米高的建筑构成。主卖场充分利用了建筑的高度来进行商品的展示。

　　高高的天花板，没有墙壁，取而代之的是被巨大玻璃所包围，身处店内，犹如身在公园中一样。公园的绿化与商品的绿色和各种鲜花融为一体。

在市中心黄金地带的日比谷公园店。因为对花特别讲究的客人比较多,所以鲜切花的品种特别丰富。颜色、香味等有特色的商品也很多。

日比谷花壇有限公司的日比谷公园店,是一个被日比谷公园的绿化所包围,仿佛与公园一体的美丽店铺。从创业开始就坚守"重视与客人的交流、坚持做一家用真心来服务的花店"这一理念,为了解决每位客人提出的各种细微要求,所有员工每天都在不断地努力着。

日比谷公园店不仅礼品花的需求量很大,男性的顾客也很多,因此要尽可能去理解客人的心情和意向,思考是否能给些建议帮助传达他们的心意,时刻花心思提供客户预期之上的商品。

1995年,日比谷就开通了网上购物服务,还开拓了婚礼策划和葬礼服务等新领域。顺应时代与客户的心声,经常挑战新的事物,这就是日比谷花壇。此外对品质也特别讲究,做了很多提高鲜度和品质管理技术的活动。

日比谷公园店在每月其中一个周末会举行一次"Merry Marche"的主题活动。销售一些用一个硬币(一束花约3元人民币)就能买到的鲜花、花器、小物件等,吸引一些在日比谷周边购物的客人和来公园玩的家庭等不同于平常的客户层。

附近因为办公楼很多,所以有很多公司高层这一类的客户。因此盆栽绿植和兰花盆花摆放着很大一排。

在干花区摆放着很多插花作品。因为摆放着各种丰富的商品,所以可以直接选择购买。

使用干花做的大型插花深受企业老板这一类客人的好评,与迪斯尼签下使用权,出品一系列的鲜花礼物,使用干花的迷你插花礼物是最受欢迎的。

马上就能带走
以迷你花束为首备足各种丰富的商品
来满足车站内各种类型的客户层

日比谷花坛

EMIO 所沢店

日比谷花坛 EMIO 所沢店从开店开始就一直很有人气，回头客也很多，有一个"chou chou fleur"立式捧花的区域。120元人民币价格适中，花束的底部的杯子内装有保水果冻，所以拿回家后可以直接进行装饰，这也是它有人气的秘密。

资料链接

埼玉县所沢市 KUSUNOKI 台
1-14-4 EMIO 所沢 2F（站内）
TEL：04-2991-5187
营业时间：10:00~21:00
休息日：无休
http://www.hibiyakadan.com/shop/02900.html

第3章 花店实体案例

车站围墙内的店铺,因为店的正面很开阔,给人一种谁都可以轻松进入的氛围。里面没有冷藏库,鲜切花也是常温销售的。

日比谷花坛展开的休闲品牌"日比谷花坛Style",所沢站内的EMIO所沢店,用绿色和紫色为基调,以巴黎街头花店为模板所创作出来的空间。不仅有新鲜的鲜切花,也有直接可以用作装饰的小绿植以及用花装饰的杂货,给人一种容易靠近的氛围。

上午有外出的主妇,下午有女高中生,之后还有白领等,根据时间带的不同客户层也会不同,这就是站内店特有的。为了方便那些要外出的或者在换乘时间比较匆忙的客人购买,从开业开始,就有销售专用的迷你花束和可以装饰用的花束成品,广受好评。而且附近有很多公墓,因此也有扫墓专用的花,根据不同的客户层准备不同的商品,所以回头客不断增加。

马上就能带走
以迷你花束为首备足各种丰富的商品来满足车站内各种类型的客户层。

上班族多的站内。
可以腾出很多灵活买花的时间!

青山花卉市场

上下车客流量很大的品川车站内的一家店。被鲜花和绿色包围的这家店三面都面向通道，因此顾客能够轻松愉快地挑选商品。

礼品花束

客人不用等,有现成组好的礼品花束。为了方便客人挑选,按照颜色进行陈列。

青山花卉市场提倡"被花与绿围绕的悠闲生活"。至2017年5月,日本国内有97家店、巴黎有1家店,这里介绍的南青山店定位接近于旗舰店。

店头有介绍时令花卉的一角"Today's Flower"。还有青山花店的常年款,根据生活的场景变化推出的"生活方式捧花"、可以轻松购物的"礼品捧花"一角。

青山花卉市场在车站内和地铁的入口等,根据店铺的位置不一样,客户层也不一样。南青山本店针对附近居住的顾客,选择用于装饰女装店和餐厅的花卉,或者是购买生日等贺礼的客户。所以,花材的角落比其他店铺都要充实,颜色和品种都要丰富。珍贵的花材和叶片类、枝条类也都有备货。

除此之外,还有基础陈列品、原创开发商品、海外购入的花瓶等也都有。

Today's Flower

今日推荐是玫瑰。店长亲自挑选的玫瑰、玫瑰花束、玫瑰插花等。

花材角落

为了方便客人挑选,不按照品种,按照颜色进行陈列。这里是橙色系一角,其他时间还有粉色系一角或紫色系一角等。

个性鲜花
吸引顾客的武器

花恋人（KARENDO）

第3章 花店实体案例

花店中格外引人注目的是，彩虹色的玫瑰和带金色的霞草等富有个性的鲜花。

花恋人（KARENDO）在关西地区有14家连锁店，在关东的第一家店富士见店，不仅在购物中心内，客户层从小孩到大人，商品从自己用到礼品用各种各样。KARENDO以"通过花与绿传递怦然心动的感觉、创造幸福快乐的生活"为本，不拘泥于现有花店的常识，传递新的价值观，会让客人情不自禁地走进去。

这其中格外引人注目的是，彩虹色的玫瑰和带金色的霞草等富有个性的鲜花。客人会疑问"这是真花吗"，颜色非常鲜明。使用这两种花做成的捧花，用于生日和纪念日等特殊日子，非常受喜爱。其他还有在叶子上添加留言的"留言捧花"、用真花做的动物造型的"动物捧花"等，这些其他花店看不到的创意非常吸引客户。

原创的永生花以"花的宝石"为概念，不光用于礼品用花，自家用的人也很多。

同时，原创的永生花以"花的宝石"为概念，不光用于礼品用花，自家用的人也很多。如同手掌尺寸大小的玻璃鞋上装饰上诞生石的玫瑰永生花，几乎每家店都销售一空，人气爆棚。用亮闪闪的金丝做成的原创永生花，用动物做配饰，这种让人怦然心动的造型比比皆是，这些手作仿佛是KARENDO的专属设计一样。不会有重复商品的原创设计，只有在KARENDO才买的到的设计，是KARENDO这么受欢迎的原因之一。

在KARENDO经常会听到客人惊呼"这样的东西我没看到过"。持续挖掘花的各种新的可能性，让很多人感受到了KARENDO的魅力所在。

用真花做的动物造型的"动物捧花"深受顾客喜爱。

个性鲜花
吸引顾客的武器

宫本花店

一般90～150元人民币的插花和花束品类较多，客人在购物的同时，无需排队等待，直接可以捎上一束买走。

花的森林miyamoto广岛店，位于以食品和各种专门店铺入驻的商业设施一角。三十多平方米的店铺内陈列着满满的花与绿。

宫本花店广岛市和东广岛市有6家连锁花店。

花的森林miyamoto广岛店，位于以食品和各种专门店铺入驻的商业设施一角。三十多平方米的店铺内陈列着满满的花与绿。

店内不放冷藏玻璃柜，是可以自由选择的开放式店铺。从到货日开始设定4天的销售期限，提供保鲜较好的花卉以确保能卖光。2015年取得日期保鲜保证品质管理认证，全部商品都有5天的保鲜期。

切花必须有营养液，才可以开得久。

一般90～150元人民币的插花和花束品类较多，客人在购物的同时，无需排队等待，直接可以捎上一束买走。同时，根据活动企划的原创商品也很多。

根据季节不同开办展会、经营时令花卉供自家用的客户购买。

101

88年的信赖和新型的挑战，
升级后持续受客户喜爱的老店

二乐园
冈本本店

二乐园冈本本店为两层楼的建筑，一楼主要是切花和盆花。通过切花等各种商品陈列，提高了宣传度和客户的期待值。每年末销售的花卉福袋，可以在店外陈列。

二楼室内是商品绿化、家具，室外是陈列园艺产品的散步场。不光有盆器、苗木，到处都是让人玩味的商品，不会让客人觉得厌倦。价格也有明确标记，客人购买也放心。

　　切花分为冷藏的礼品用花、季节用花、休闲的低成本花束等角落，让客户可以一目了然。业务员都微笑、亲切，让顾客觉得非常舒服。

　　周围都是高级住宅，订购兰花的客户很多。所以店内常备各种规格的兰花，品质管理也不懈怠。

　　花束成品从一般的迷你花束到佛花都有，120~240元人民币的圆形花束很多，最畅销的近200元人民币的花束没有摆放，因为这是爆款和卖点，要很好地和客户沟通过后才现场制作。

　　店铺前的纪念碑是创业80周年时，世界著名的雕刻家流政之氏之作。以前这一带以梅花闻名，被昵称为"小梅"，受到这一地域人们的喜爱。

　　店铺是住宅和商业设施一体的大楼正面，成为了冈本的陆上标志。

　　大正12年创业。株式会社二乐园在神户附近开了4家店，零售店铺和造园部门相辅相成，长期以来受到顾客的信赖。这里以冈本本店为据点，通过几度的重新改造发展至今。周围是高级住宅街和大学、JR地铁站，其客户层非常宽泛，客户的品位也比较高。所以商品品类和品质要打动顾客，要下一番功夫。

　　同时，同公司为了不被夏季市场的低迷和节假日所左右，除了切花以外，还经营室内家具和杂货等各种各样的商品，整年度可以保证高水准的销售，非常成功。再者配合百货商品的促销，根据季节不同，定期开展"来店灵感创作"的活动，也很成功。

　　除此以外，造园部门积极参加各种工程的竞赛，从政府机关获得了大的订单，拓宽活跃的领域。

在家用品中心"CAINZ"内开一个花店专柜。
不论是日常用花还是礼品用花，都有各种款式可选。

CAINZ FLOWER MARKET

CAINZ 鹤岛店

花店链接
埼玉县鹤岛市三木新町 1-1-13
TEL:048-286-6111
营业时间：9:00-20:00
休息日：仅限元旦。

CAINZ 在日本约有 200 家店铺，在其中 20 家店内开设了"CAINZ FLOWER MARKET"。一走进店内名字标牌就马上呈现在眼前，以红色为基础基调，像一个街边店的感觉。用时令花卉来吸引顾客，在诠释店铺整体的季节感上起了重要作用。

造型简单，但很受欢迎的"站立型花束"，贴有原创的标识牌。内部加了含抗菌剂的海绵，都不需要换水。

父亲节的"黄金（CAINZ PB）和插花花束"的礼品。

超受欢迎的迷你花束"微笑花束"，含税398日元（约25元人民币）。可用于礼品用花，也可作为自家装饰用。

店内陈列着各种花礼菜单，根据顾客的生活方式需求，从日常可以欣赏的桌面花束，到正规的礼品花束，全部商品价格设定都很合理。例如，放在那里就像一幅画的"站立型花束"，内部加了含抗菌剂的海绵，都不需要换水，贴有原创的标识牌，谁都可以轻松地选购。同时，可自己挑选5束喜欢的花束进行"自助插花"。可自行下单有体量感的标准花束和方便携带的圆形花束等。

礼品商品项上面，活用了家用品中心的商品品类，也是受欢迎的原因之一。比如，父亲节的时候，把啤酒和插花花束包装成一个礼品花等，可以根据客人的创意，制作心意满满的原创作品。

还推出了与顾客互动的活动，不定期举办插花教室，配合情人节和毕业式、母亲节等节日来实施。

干花的品类也很丰富。从租赁用花，到流行的壁挂花，都可以轻松地买到。

顾客购买后，为了让客人更久欣赏花束，花店进行严格的鲜度管理。在家用品中心业界内，是唯一取得"品质管理认证"资格的，从购买之日算起保证可以保鲜5天。

自己挑选5束喜欢的花束进行"自助插花"。

花束包装生产线（IMPACK）

自动套袋机 /Sleeving machine

跟花束加工机连起来用的机器。可以自动给花套袋。

切花扎捆机 /Binder

用橡皮筋固定住花卉的茎。脚踩一下摆臂就会下来，然后结束作业。用橡皮筋不会伤到茎。

花束加工机 /Flower processing line

切花的生产者、花束的加工业者都可以使用。切断切花的茎，去掉下叶，结束，这一系列操作可用同一条生产线大量的处理。

去叶机 /Deleafer

回转的2条橡皮筋制的刷子，来去掉花束下面的叶片。

切花专用切断机 /Cutter

把花装到托盘里，压一下就可以一次性切断 20~30 根茎。可以很轻松的操作。托盘里标有刻度线，可以统一长度。

吊桶洗净机 /Bucket Washer

吊桶的外面、侧面、里面可以同时洗净。圆形吊桶、方形吊桶都适用。清洗作业就变得非常迅速（外侧底部无法清洗）。

立型套袋 /Floral sleeve packaging stand

放入花束后，一键式套袋，装袋变得非常快。

套袋 /Pocket sleeve

以后的套袋都可以添加营养剂。在一键式套袋机上装上套袋，放入切花营养剂。也可以封入广告。

吊桶给水机 /Bucket filler

把吊桶重叠起来，可以自动地给每个加水，用传送带传送。也可以在给水时添加切花营养剂。

陶碳粒 /Charcoball

陶碳粒可以培育各种植物，用日本产的炭和陶瓷制作的全新的室内园艺标准用土。

第4章

开花店事先需要了解的信息

为了让花店能够发展得更好,我们把需要知道的事情整理了一下。只要理解了国内外鲜花的生产,流通事项,保存时日保证销售,那就能活用到日常的采购当中。另外鲜花的功效和动向,对于顾客的接待来说也有帮助。

从花店的杂学开始

国际・国内信息

我们要以面向世界的广阔视野来看花卉产业。这对于自己的鲜花销售和动向发布的活用都是不可欠缺的。对于花店来说可以根据国外的花卉产业的动态趋势来搜集信息。

花的种类

知道世界上野生花卉的种类有多少吗？据说有25万种。据说中国有3万种，哥伦比亚有5万种，日本有3000种。最初在英国只有300种，在大航海时代因为从海外收集了很多鲜花的种子，所以英国园艺得到了极大发展。最多的一个种属是有2.5万种的兰科。根据原产地不同，地中海地区的康乃馨和香豌豆，美国的洋桔梗和向日葵，墨西哥的大丽花和大波斯菊，中东的满天星和花毛茛，南非的大丁草和山龙眼，澳大利亚的蓝桉和银桦属，中国的菊花和蔷薇，日本的龙胆和百合等在全世界都被广泛使用。

所需求的花的品种

在宗教以佛教为主的日本，每年使用的60亿~70亿万支鲜切花中，有36%是菊花，10%是康乃馨，8%是蔷薇，4%是百合，其次1%~3%分别是补血草、大丁草花、洋桔梗、龙胆、满天星。

另一方面美国蔷薇以24%位居第一，8%是唐菖蒲，菊花和康乃馨各占4%，安祖花和多头玫瑰各占2%。每个国家根据文化和生活方式的不同，所需求的花的品种也不同。

世界的花卉消费金额

包括鲜切花、盆花、种苗、球根等，2011年全世界的花卉消费据说约是10兆日元（约5000亿元人民币）的规模。其中40%在欧洲，29%在美国，日本占了10%。欧洲各国内，排第一的是德国，占10%，之后是英国6%，其次是法国4%。

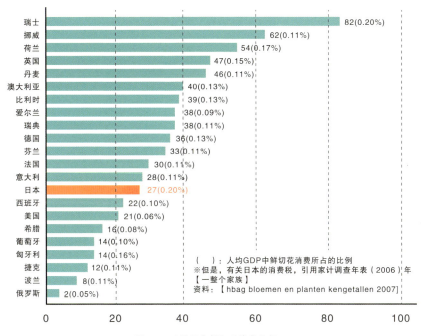

图 4-1　不同国家鲜切花消费金额

不同国家鲜切花的人均消费金额

据 2007 年的数据统计，瑞士人均消费金额 620 元人民币，位居第一；第三名是荷兰 420 元；第四名是英国 365 元；第十名是 280 元的德国；然后日本是第十四名，210 元。

日本曾经在江户时代被评价为拥有世界上最喜欢花卉的文化，现在这种文化正在不断淡薄。就鲜切花的使用量来说，在日本一年的人均量是 50 支，在荷兰大约是日本的 4 倍。并且鲜切花的平均零售单价是日本的一半。这其中的理由是，荷兰的农家生产规模大约是日本的 10 倍，相同面积的产量也比日本多，批发市场销售的鲜切花中家庭用的花的规格是 35~50cm，从生产到流通都配有齐全的低温流通链，批发市场在每天出货的流通形态下的无用花（损耗花）都很少。

花的颜色

自然界的鲜花颜色白色占 32%，黄色占 30%，青紫色占 23%，红橙色占 10%。另外，日本的消费者最喜欢的鲜切花颜色是粉色 33%，白色 19%，红色 17%，黄色 11%，紫色 10%，蓝色、橙色和多色各占 3%，比较喜欢柔和色调。欧美则是比较喜欢亮度比较强烈的色调或混合色，中国则比较喜欢红色，都有很大的不同。

花的功效

欧美从 1990 年代后期开始对家庭用的花卉有需求，在那之后又开始延伸到对送礼的需求。进入了 2000 年，基于大学对花卉功效的调查结果，带来了更显著的成效，促进了销售。调查认为"家里有了鲜花能加深家族和朋友之间的牵挂，消除烦恼""成为动力的来源，让你坚守职场"，"作为赠礼收到鲜花就肯定能感受到赠送者的心意",因此把感谢、歉意、求爱等情感都寄托在鲜花上吧。

另外在职场上"光放置盆栽就可以减少不愉快感和压力,还可以改善工作效率",所以要以被鲜花包围的职场为目标,推广"绿色办公室",在这个充满压力的社会中,有精神疾病而烦恼的用笑容和绿色疗愈,并以此来促进鲜花的销售,这个在日本也值得被推广。

世界的花卉生产

根据 2011 年的 AIPH(国际园艺家协会)的调查,世界花卉生产金额大约是 2380 亿元人民币,欧洲集中栽培有 44%,占了很大的比例;中国占 13%,美国占 12%,日本占 9%,哥伦比亚占 4%,加拿大占 3%,韩国、巴西、厄瓜多尔各占 2%。但是从花卉生产面积 44 万公顷来看,中国占 39%,印度和欧洲各占 15%,美国、日本、哥伦比亚各占 5%。将来的花不论是人工费便宜的中国和印度,还是一年四季如春的哥伦比亚、厄瓜多尔、肯尼亚、埃塞俄比亚、马来西亚等在赤道正下方的高原地带,很有可能会在这些地方大规模增加花卉的生产。

世界的花卉出口

根据荷兰的园艺报《Vakbladvoor de Bloemisterij》2011 年的数据显示,荷兰的出口量世界第一,输出金额也增加了 31.51 亿欧元(约 245 亿元人民币)。出口的对象德国、英国、法国占了很大的比例,分别占了 29%、17%、14%。蔷薇、康乃馨、满天星等温室栽培的面积在大量减少。另外,肯尼亚、埃塞俄比亚、以色列产的鲜花中玫瑰的比例在逐步增加。

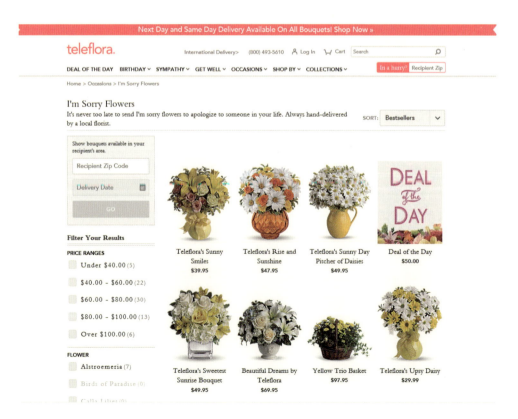

排列第二的出口大国是哥伦比亚,也有8.58亿欧元(约66亿元人民币)的增长。不仅是生产出口蔷薇、康乃馨、多头菊、百合水仙,近几年混合花束等加工品的出口也有所增加。曾经出口对象占76%的美国最近因经济低迷,俄罗斯、英国、日本所占的比例都在原来的5%~4%上有所增加。生产面积趋向于20~100公顷这种大规模生产。

以5亿欧元(约39亿元人民币)的花卉出口跃居世界第三的肯尼亚为了改善生产性,用100公顷以上的大型生产地生产蔷薇、康乃馨、补血草、香水百合等,并且也开始出口一部分的花束加工品。65%出口到荷兰、17%出口到英国、5%出口到德国。因为欧洲的金融危机导致买价低迷,所以有时候会不通过荷兰的批发市场而直接进行交易。

日本的鲜切花生产

日本的花卉生产中,鲜切花的生产面积在2011年是15770公顷,在12年内减少了20%大约是3930公顷。洋桔梗和百合等受重视的品种的生产面积减少了大约5%,虽然不是很多,但是很多主力品种像是康乃馨减少了26%(130公顷),蔷薇减少了31%(186公顷),满天星减少了40%(171公顷),补血草减少了31%(94公顷),都减少了25%以上。

鲜切花生产者的平均年龄虽然比起其他农作物来说相对比较年轻,但是也接近60岁了。在这种现状下,有接班人不足的问题且一个农户的平均生产面积只有0.3公顷,只有荷兰的1/10,哥伦比亚的1/70,肯尼亚的1/300。因为面积小,所以要摆脱劳动集中产业实现机器化电脑化生产就比较困难。顺便说一下,假设这12年间鲜切花的需求都是一样的,根据现在减少的生产面积,不论是康乃馨也好还是蔷薇也好每年都必须要进口一亿几千万支以上才够。

鲜切花的进口

2012年的鲜切花进口金额是25亿元人民币,处于持续增长中。相当于所有批发市场的

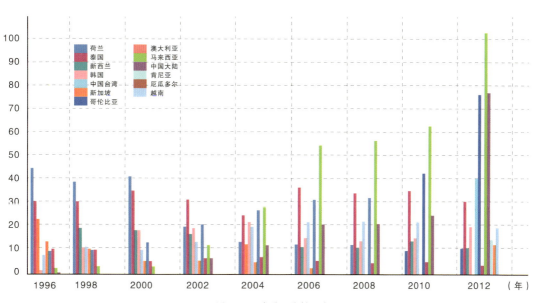

图4-2 日本进口的鲜切花

17% 是进口的鲜切花，从支数来说也可以说已经突破了 25%。根据农林水省的数据，2010 年的主要品种从支数来看国内所需和进口的比例是，菊花大约 19 亿支，占 14%，主要进口国是马来西亚和中国。同样的康乃馨有大约 6.3 亿支，占 46%，主要来自哥伦比亚和中国，蔷薇大约有 4 亿支，占 22%，主要来自印度和肯尼亚，百合有 1.7 亿支占 8%，只要来自韩国和中国，然后洋桔梗有 1.1 亿支占 5%，主要来自韩国和中国。鲜切花的进口始于 1980 年前后，珍贵的鲜切花从荷兰进口，兰花从泰国进口，基本来源于这两个国家。今年来泰国的石斛、蝴蝶兰等兰花的进口还是比较平稳的，但是从赤道下方高原地带全年都可生产的马来西亚的多头菊花，哥伦比亚的康乃馨，肯尼亚的蔷薇和邻国的中国、韩国的进口都有持续增长。并且以前的进口都是依靠飞机，现在随着低温流通体系和采花后的鲜度保持技术的发展，使用冷藏集装箱海运 2~3 周也可行，相比航空运输鲜切花的品质和保存时日都毫不逊色。

欧美的消费者对于鲜切花的要求

1. 保鲜期长

以英国最大型的量贩店 TESCO 为例，其推出切花鲜度保证销售是在 20 世纪 90 年代初。店内销售的鲜切花，混合型花束是 5~7 天，蔷薇是 5~7 天，百合是 7 天，兰花、菊花和康乃馨是 7~14 天。保证了花的品质，消费者就成为回头客。

当初生鲜卖场的顾客只有 1% 会买花，现在有 8%~12% 的顾客会买花。10 年销售额比最初增加了 7 倍左右，鲜切花的废弃率也降低了 6%。如果在保证期内鲜花枯萎了，可以免费换新，所以几乎没有什么投诉。

为了确保品质和供销管理，他们会与生产者签订长期的栽培合同，花束加工公司作为合作伙伴，各个店之间会共有销货时间信息管理数据，用高于目标销售额的销售利润对半分的方式来实现共存共荣。这种鲜度保证不仅在英国，在瑞士、德国、法国、荷兰、美国等主要花卉消费国内也在推广，隶属于德国 Interflora 的花店组织更高一筹，进行顾客满意度保证销售。另外英国的 Sainsbury 已开始实行盆花的 3 周鲜度保证。

2. 设计与时俱进

消费者期待变化。特别是欧洲的量贩店或花店，即使是同一价格带的混合花束，每隔 1~2 周，花束的设计或鲜花种类都会改变，从而突出自己的特色。另外，有的店内设计和墙体的颜色会随着四季的变化而改变，从而带给消费者惊喜。顺便说一下，据说花卉的购买 80% 来自于冲动购买，首先要被花的美丽所打动，然后看价格，购买价格与魅力相当的鲜花能勾起消费者的购买欲望。

3. 公益鲜花

在欧洲，贴有"MAX HAVELAAR"标签的花束交易更广泛。它与普通同等花束相比会贵 10%，这个差额用于改善肯尼亚等发展中国家从事花卉生产的人的生活环境。买这些花束就代表着尽自己的可能为这个社会做公益。瑞士生协 MIGROS，销售中 15% 作为保证生产商利益的公益鲜花。另外，日本 AEON 公司每年从肯尼亚进口 300 万支左右的蔷薇作为公益鲜花销售。

4. 安心安全的花

始于 1995 年的荷兰花卉环境计划认证（MPS 认证），现已成为世界通行的花卉认证形式，世界上 50 多个国家开展了认证业务。其认证标准主要针对环境，如减少农药、化肥的使用等，认证目的就是降低花卉生产者对环境的破坏。荷兰的花卉批发市场 FloraHolland 的竞拍器的情报上也显示着生产者的 MPS 排行。

另外，现在有一个叫做"Carbon Footprint of Products（CFPS：碳产品的足迹）"的指标，

就像你购买新干线的车票时，你可以看到上面写着二氧化碳的排放量是飞机出行 1/12。为了保护地球的环境，所消费的鲜切花从生产开始，到送到消费者手中（日本有自己一套独特的排放基准）的二氧化碳排放量以克为单位进行表示，成为消费者是否要购买的判断要素之一。

现在，尽量消费本地种植的花卉，而不是那些进口的经过很多周折的"鲜度保证"鲜花，这一理念越来越被重视。因为这省去了要消耗大量化石燃料的运输，既环保，也对当地的经济有拉动作用。

进口鲜切花的比例越来越高的英国的量贩店 Sainsbury，在英国国产花区域挂了很大一面英国国旗。同样，在 80% 的鲜切花都依赖进口的美国，在高档超市的收银机前方，加利福尼亚产的鲜切花销售区域会设有"CA GROWN：加利福尼亚产"的标志，来博取人气。

各个国家的花卉消费用途及份额

对于生活中花卉的使用文化的浸透度和用途我们来做个统计。日本的花卉产业可能会达到原来的 1.5 倍。

第一阶段：国民的 10% 左右经常使用花卉（中国、越南）。以工作用花为中心，主要用于给长辈的高级礼物……市场规模 1

第二阶段：国民的 25% 左右经常使用花卉（韩国、中国香港）。工作用花的延伸，家庭用花开始……市场规模 1.4 以上

第三阶段：国民的 25% 左右经常使用花卉（日本、德国）。烦恼于怎么延伸工作用花，家庭用花的延伸……市场规模 2.0 以上

第四阶段：国民的 25% 左右经常使用花卉（英国、美国）。家庭用花的普及，休闲礼品的延伸……市场规模 3.0 以上

解读花的风向标

我们从几个关键词来看下符合多重价值观的花的动向。随着时代的变迁对花的需要也变得多样化。各种各样的花诞生,通过花店不断地进化出新的功能。

表 4-1　不同时期花的设计和受欢迎的花的变迁

年　代	设　计	代表的流行花
1960 年	插花/美式风格的引进期	茶花、康乃馨
1970 年	欧式风格(德国)/美式风格	大丁草花(Gelmini)系列(70年代后半期),康乃馨 "Nora"
1980 年前半期	欧式风格(荷兰)/美式风格	洋桔梗(Pastel)系列,百合水仙,满天星 "Bristol fairy"
1980 年后半期	欧式风格	蔷薇 "Roterosa",百合 "Casablanca" "Lereve"
1990 年前半期	欧式风格	安祖花,巧克力大波斯菊,小白菊 "Single vegmo",蓝星花,柴胡
1990 年后半期	欧式风格	郁金香 "Angelique",郁金香 "Pink diamond",蔷薇 "Ambridge rose",朱顶兰 "Papilio",马蹄莲 "Schwarzwalder"
2000~2005 年	欧式风格/混搭风	古典绣球花,大丽花 "黑蝶",蔷薇 "Yves piaget"
2005 年~	欧式风格/混搭风	毛茛 "Ronu" 系列,洋桔梗 "Corsage" 系列
未来	混搭风	对应更多样化的个人需求的时代

日本目前在各种场合消费鲜花,根据场景的不同设计各种富有个性的风格。花店是设计的主体。在日本从事花店、花艺设计、花束加工的人有很多,所以竞争非常激烈,因此不能只专注于在设计感上,价格、季节感、鲜度等一切要素都与是否受欢迎相关,光凭一点是不能概括花的流行风向的,要结合多种要素综合分析。

过去对于花的流行风向,被说是比时尚界要晚十年,但是对于现在信息化社会来说,花的流行风向和社会潮流密切相关,与时尚界等的联动性也越来越高。环保意识、健康意识、可爱文化、和式现代风、简约现代风等多个现代潮流,对应的是多样的价值观,只要顺应了这些特点,设计自然会受欢迎。

有人气的受欢迎的花主要特点有 3 个 "C":1 Cheap(价格便宜)、2 Cute(可爱)、3 Cool(帅气)。

和式现代风

利用日本原有的优良花卉品种,采用现代风的设计,称之为"和式现代风"。这股潮流在花卉种植等的领域也受到了重视。日本江户时代是花卉满园的古典园艺世界。那个时代的花配以

现代的喜好而进行改良，古典中透着点世故感的美丽的花朵，与和式现代风的主流也非常符合。最具代表的就是古典菊改良后MUM"classic cocoa"。

Rosy

现在最为受欢迎的花卉种类，像是蔷薇却又不是蔷薇的花，被推举为意外之花。拥有蔷薇优雅的姿态，最具代表的是毛茛"Ronu"系列。

渐变色

四季分明的日本对于季节感很重视。从变化的颜色中可以看出日本人的审美意识，他们大部对渐变色情有独钟。在一朵花中感受到了戏剧性，两种颜色以上的组合配色就非常受欢迎。代表是古典绣球花。

Decora type

花看起来更具丰富感、厚重感和高级感，也叫做多瓣型或荷叶边、抽褶或编织，赋予花动态表情，让人充满幻想。代表是芍药"Etched Salmon"。

理化性质

对于花的消费不仅局限于好看，花的理化性质对人的心理和生理也有很重要的影响。其代表是香草和香水玫瑰"Yevs Piaget"。

由日本花匠培育的名花

用新的先进的育种技术，以日本传统名花为素材，而培育出来的独特的花，非常受人欢迎。代表是毛茛"Charlotte"。

存在感

不用怎么设计，本身就非常大气而华丽的花，一朵花犹如一幅名画。代表是大丽花"黑蝶"。

瓶插期长

鲜花哪怕能多开一天也会很开心。如今满足这一要求的花卉很多，即使在难以保存的夏天也能够长时间开放，花店也能因此而减轻损耗。代表是蔷薇"Pitahaya"。

自然小清新

自然风的设计是目前的流行风。不同于体现花的华丽，自然风就像是身边随处可见的东西一样，自然简单的素材和搭配，可以治愈现代人的社会压力。

伴随着这股潮流，选择一些无农药和不使用化肥的花或是在生长过程中不需要浪费能源的应季鲜花也成了一种趋势，并且一年比一年流行。代表的颜色就是绿色╳白色。

有文化内涵的

日本人很重视有关佛教和神教的相关事宜，因而，在传统文化中，代表着精灵的鲜花和植物容易受到关注。人们像是心灵有了依靠，从植物中获取力量。代表是竹柏等。

日本花卉生产现状

每天都在流通的日本花卉的生产状况、生产现场的实际形态、商品开发等，了解围绕花卉业界的环境，或用于日后花店的经营。

日本花卉生产的相关知识

花店每天摆放的花到底是从哪来，怎么来？就好比日本的食物，一半以上都是进口的，但是花大部分都是日本国内种植的。如今在日本，每年大约有57亿支鲜切花和10亿以上的盆花在市场上流通着。其中的80%都是日本国内自己生产的，只有20%左右是从国外进口的。

另外，流通品种的多样性也出类拔萃，登记在案的品种有4万个，在流通的有2万个，并且一年有3000个新品种面市，这是花卉大国荷兰的2倍以上。日本如此丰富的花卉文化，靠的是国内外众多生产者的支持。

在日本，现在有将近8万农户在栽培花卉，日本花卉生产的主要特征可以概括为小规模、多品种、小产量，相反，国外产的特征也可以说是大规模、少品种、大产量。日本的产品，被划分很细来迎合各种需求。另外有各种各样的种类和品质可以选择，增加了顾客选择的乐趣，这也是优点之一。但是另一方面，很难降低生产成本，所以价格比较高。

另一边，国外的产品，其优点是有一定的品质、稳定的数量、稳定的价格，可以应对大型交易，但是满足零售和紧急订单的要求比较难，另外因为汇率的变动导致流通量的变动也很大。根据各国产地的特性，从各个销售渠道来选择产地，对于采购来说也是不可或缺的。

国内产和进口的主要产品的生产状况

世界三大切花是菊花、蔷薇、康乃馨。日本最大的是菊花。这个品类占了40%左右，生产量也是世界第一。菊花对于佛教是不可或缺的花，在最近也生产出了适合插花或花束搭配的时尚型的菊花，可以被用于各种不同的用途。如今，菊花类不仅在专业生产设施内可以全年培育，在全国的露天种植地上也有培育，根据季节的不同生产地也不同。

另外，关于进口产品，近年来从东亚、东南亚的进口产品很多，像马来西亚的兰花、菊花整年都可以进口，品质也很好，在花店业内受到了好评价。关于康乃馨和蔷薇，几乎都是在专门的设施内进行栽培生产，除了冲绳以外全国都有栽培，特别是蔷薇，很多产地一整年都可以栽培。其他产品除了初夏以外都有一定的进口量，主要从南美、非洲、印度、韩国、越南等产地进口。康乃馨夏天适合在高冷的地方栽培，冬天和春天适合在温暖的地方栽培，进口的比重也很高，从哥伦比亚和中国的进口产品全年都有。其他生产量大的花有百合、洋桔梗等，在日本全国也有栽培，进口百合主要来自韩国，冬天洋桔梗主要从中国台湾进口。

日本如今的生产现场

日本的花卉生产从1999年开始有逐年递减的倾向。这其中主要的原因有销售的低迷，价格竞争的激烈化，和进口产品有竞争及随之而来的生产成本的增加，生产者的老龄化，后继人不足等。

另外，近年来异常的天气影响也很大，按以往习惯的方式生产，效果却不如以往的情况也时有发生。所以为了解决这一问题，很多地方不得不改变生产环境，生产条件越来越严苛，新型的农业从业人员却不多，这就是现状。花店与生产地保持良好的关系并构筑供应链是如今维持花卉生产的关键。

花卉生产地的不同所导致的品质差别

了解花的产地、生产者和品种的不同所导致的品质差别，对于采购高品质的鲜花来说是很重要的。根据花的类别、品种来选择适合的场地进行栽培，生产者的技术能力，通过中间流通来对新鲜度进行管理这些都是基础，这些基本都随着季节的变化而变化，这就是日本的实际情况。为了尽早了解这些情况，需要在市场对鲜切花品质进行多方了解和收集信息，然后找到符合自己风格的产地和商品。

另外近来高品质的进口商品不断上市，它们在合适的地方被栽培，全年供给量都很稳定，比起随着季节变化而产地变化的日本来说，进口产品提供的品质更稳定。但有时其中会夹杂一些被熏蒸处理过的或是鲜度明显下降的商品，所以需要注意。

商品品质鉴定条件

1. 商品品质（基本、最低必要条件）

【A】外观。不能看见病虫害、药害等受害（用级别表示）。内在。要具备自己品类、品种具有的能力，还要有吸水性、保存时日和耐病性。

现在都比较重视保鲜度和瓶插期，作为品种特性，有的可以存放一周以上，有的品种则只能保存三天。因为消费者的需求都不一样，所以在品种选择阶段要按照消费者的需求。向各产地提要求。

2. 市场品种（拥有强大竞争力的必要条件）

【B】品质评价因素。即品质的商品化。

【C】新品种的比率。要占有有利的竞争位置的话，就要经常发送新品种的信息。

【D】畅销商品的比率。即栽培的品种中有几款畅销产品。

【E】形状。

【F】花色。

【G】花的大小。

【H】长度，宽度的相关品质。

【I】性能。

【J】瓶插期。

【K】茎的硬度。

【L】吸水性等相关品质。

形状和性能是基本的条件。产地为了维持经营拥有畅销商品是必不可少的。另外，为了稳定那些常年畅销的产品，要经常引入新品种，淘汰、引入这一新旧更替是必要的。

【M】交易评价要素。交易的商品化。

【N】规格、选择的彻底化。获取竞拍、零售

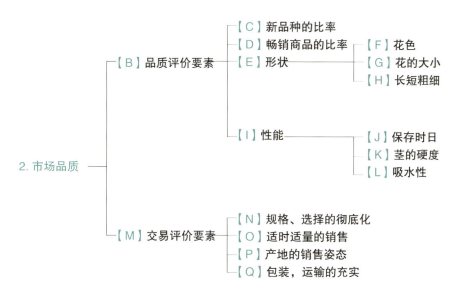

图 4-3　切花商品品质鉴定基本条件

的信用。

【O】适时适量的销售。稳定地出货,给予竞拍和零售稳定。

【P】产地的销售姿态。迎合市场的销售状况,提早传达出货情报。

【Q】物流品质。迅速地做好传递工作、确保鲜度。

3. 社会的品质 [无 (低) 农药栽培、基于日本有机农业标准 (JAS) 法的有机栽培]

荷兰为了解决减少花卉生产所产生的环境负担,成立了MPS。

MPS——花卉生产者为了减少环境负担,应对社会的要求所成立的,对肥料、农药、能源等进行评价,并进行认证的一种制度。75%的流通量都认可这个认证。MPS在以欧洲各国为首在29个国家实施,成为了一个世界标准。

环保农业者

环保农业者(个人或是法人),根据各个都道府县制定的"可持续性的高级农业生产方式的引入方针"根据不同作物的引入计划仔细观察五年后所做成的,向农业改良普及中心和农业振兴事务所同时提出申请,审查引入计划和生产方式的内容是否一致,想要引入的作物配套的面积是否有这个作物的栽培面积的50%以上,引入计划的可实现性等事项。认定成功的农业者,以引入有关可持续性的高级农业生产方式的计划为基础,在所生产的包装容器、包装箱、海报、宣传单上都可以标明认定标志。

运输方式与瓶插期之间的关系

从产地到市场的流通情况每年都在变化。
为了应对消费者的需求,
让我们来了解一下有关鲜度保持流通的构造。

鲜切花不断变化的需求和采购体系

日本国内正式开始以桶式流通已经过了10年以上。现在鲜切花的桶式流通比率虽然没有增高,但是比起最初,出货商和花店的敏感不适应也没有了,桶式流通已经渗透在这个业内。

鲜切花的需求结构也在不断变化。这个可以从各种需求中所用花卉类别的变化而推测出来。就拿婚礼来说,花的类别从多头康乃馨和满天星变成了洋桔梗和绣球花。

另外,丧事的需求也从菊花一边倒变成以草花为主流,以前作为婚礼用花的满天星现在在丧事上也被越来越多地使用。

零售这一块也是,设计从日本和式变成了西方式的同时,所需用到的花的长度和花的大小也起了变化。

采购的方式则日益趋向小订单量,从以箱为单位进货变成了以束为单位进货。这是一个不以方便流通为目的的新的动向,可以说现在是一个用流通来回应的采购体系。

响应消费者需求的花卉流通构造

1. 桶式流通的方式
①容器桶的种类

桶式方式：用装有水的塑料桶进行运输。
桶式包装方法：在塑料容器的周围包上纸板箱。
湿式竖箱方式：在竖立式的纸板箱内放入简易的容器。

②桶式流通的种类

流通系统方式：主要以租借的方式提供花桶，回收并清洗。
一次性方式：只是用一次就废弃。
桶式方式和流通系统方式的组合是 ELF 桶式系统。另外，这种方式能看见花，所以在流通过程中还有确认功能这一特征。
关于水的量。以现在鲜切花的流通起送量来说一个花筒最少需要一升以上的水。这个数值是从抗菌剂所需的水量和植物自身所需的水量间的关系中得出的。
关于抗菌剂的使用状况。现在还没怎么改善。只有 ELF 桶式系统在供给时才提供抗菌剂。
一次性方式的问题点是塑料和纸板等包装材料造成的大量垃圾，垃圾处理成本最终会变成消费者的购买成本。

2. 桶式流通的效果
①鲜度和保存时日的构造

桶式流通的特征之一就是为了减轻植物的压力，维持鲜度。但是千万不要认为桶式流通在任何情况下都能保鲜。其实，即使是干式流通只要有完善的低温流通系统的话，与桶式流通相比保鲜期也不会相差很大。所以说，低温流通系统才是运输所需的必要条件。

②成本

不光是要看资材和运输费这种明面上的费用，把时间等看不见的劳动成本也换算成实际费用的话，桶式运输不论是现在还是将来都可以说是一个低成本的方式。

③彻底实行低温流通系统

切花流通最大的关键就是之前说过的低温流通系统。低温是桶式流通的必备的条件，干式运输当然也同样需要。在今后湿式、干式两种方式的运输中以引入桶式运输为契机，彻底实行低温流通系统是有可能的。

买家的选择

1. 市场的选择

买家在采购商品时，要考虑该市场上的商品是否能满足消费者对品质的需求，是否能持续供货等。

2. 产地的选择

和市场选择一样，采购产地的选择对买家来说也很重要。产地采后的前处理和低温流通系统运输环节是否到位等。

3. 采购车辆

低温流通系统不光只是产地和市场所要解决的问题买家的采购车辆对于品质保证也有很大关系，买家应尽量使用冷藏车来进行运输。

4. 协助花桶的返还

流通系统方式所要解决的问题是花桶的回收。ELF桶式系统是市场帮助生产者从花店回收花桶。以保护环境为目的，理解和协助从花店回收可再利用的花桶非常重要。

5. 向消费者的提议

桶式流通的商品可以节省吸水和修剪的时间，不仅不会产生纸板这类的垃圾，还方便确认商品品质也是其优点。应该向买家提议这种方式运输。

什么是瓶插期保证销售

瓶插期保证可以收获回头客，即向顾客保证鲜切花的观赏天数。

为什么要实行瓶插期保证销售

日本的花卉消费特征是个人自用很少。有调查结果显示一年中完全不买花的人占40%。如果能促进家庭花卉消费，那日本花卉的消费可以有很大的提升。

可是，顾客特意买了花，却在2~3天内枯萎了，会怎么样？当然会失望。所谓的瓶插期保证是花店向顾客保证鲜切花的观赏期，如果在保证期间内花枯萎的话，客人可以拿着购买时的小票和实物到花店进行同等价值商品的交换。像大丽花这种观赏花期短的花也不能例外。

瓶插期保证既保证了鲜花的观赏时间，其实也增强了消费者的购买信心。

瓶插期因花的品种，距离采花时过了多久以及是在什么状态下被运输的都有影响。

瓶插期保证首先花店要了解鲜花采收的日期，从产地到花店的运输时间、运输条件等信息，根据这些推测出花的瓶插期天数，因此采收日期不用告诉顾客，而是作为信息给花店用的。

瓶插期保证只有花店努力是做不到的。从产地到店内所有经手的人都必须全力以赴，确保肉眼看不到的品质，提高顾客的满意度，目标是让顾客变成回头客。

如何进行瓶插期保证

瓶插期保证的基本流程。

1. 瓶插期保证的范围

首先要决定瓶插期保证的范围是卖场全部，还是只用于卖场的一部分花卉。尽可能地是卖场商品全部进行瓶插期保证，这样既能打动顾客的心，也能增加销售额。

2. 决定瓶插期保证产品的品种和产地

接下来是决定瓶插期保证产品的花的品种和产地。这个阶段，有的花店是按照自己的经验来进行判断，也可以和采购的市场和中间批发商进行商讨决定。如果不知道采花后到店内的时间，那就无法进行瓶插期保证。多数的情况是根据花的品种，产地的实际数据和自身经验来进行，也有通过亲自的试验来确定瓶插期。

3. 瓶插期保证天数的确定

根据前面提到的各种信息分析，决定瓶插期是5天还是7天。也可以根据品种不同分别设置5天或7天，也可以根据季节的变化而变化。

4. 花店展示天数

决定在店内的展示天数。这是瓶插期的最关键的一点。在欧洲也好，日本也好，最多也就在店内展示4天。另外，店内过了展示时日的花的处理方式也需要决定。也有些店铺的销售方法是不标明保证天数，只要顾客不满意就进行替换。

5. 瓶插期日保证贴纸、宣传单的制作

向顾客告知瓶插期保证。在宣传单、海报、黑板等地方向顾客告知瓶插期保证，也是很重要的。

6. 员工教育

向员工进行教育，让他们知道瓶插期保证实施的目的，充分理解它的意义。

7. 投诉处理的规则

在保证期限内花枯萎了等这一类投诉的处理方法，要有个明确的手册。

瓶插期保证是否会增加销售额？

瓶插期保证是否会增加销售额？有个有名的案例，据说以英国量贩店TESCO为首欧洲花店销售额大幅增长了2~3倍。在日本，全部商品开始实行瓶插期保证的超市，引入第一年销售额平均增长了8%，第二年销售额也增长了8%。有些店第二年的销售额还是原来的1.8倍。另外连锁店前1~2年的营业额也分别增长了3%。这些连锁店的废弃耗损率在2年内也从13%降到了8%，为利润做了贡献。销售额能提高的原因是，因为瓶插期保证收获了回头客，员工的意识也提高了，并且增加了与消费者之间的交流。

最初从5日保证开始

为了增加鲜花的瓶插期，合适的销售前处理，花桶、剪刀等充分的卫生管理，运输时的温度、湿度管理都是很必要的。随着设备的改善，即使不能马上进入预冷设备和冷藏库，但是像采花日期的标示、卫生管理、缩短流通保管期间，确保可追溯性管理等这些可以做到的环节要全力以赴，作为第一步，先开始实施5天瓶插期保证销售。

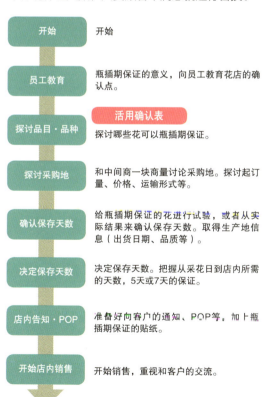

图 4-4 花店瓶插期保证销售实施的流程

第4章 开花店事先需要了解的信息

花店的小知识 01

花也是要呼吸的

被采下来的花也是要呼吸的。看图 4-5 就可以知道温度越高花的呼吸量越多，瓶插期越短。因此，为了延长瓶插期，尽可能要低温保存和运输是很必要的。

花的保存温度低，呼吸量就会减少，瓶插期就会延长。
图为不同温度条件下 5 天干式运输后，第 8 天花瓶里花的状态。

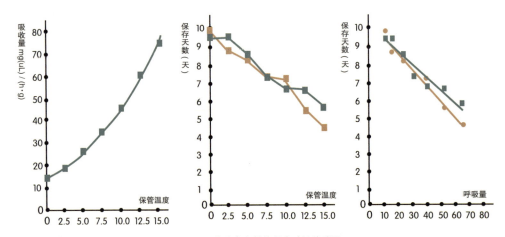

图 4-5　环境温度与鲜花保存时间关系图

128

花店的小知识 02

温度湿度的试验

从生产者采收、出货，到批发商、中间商、花束加工厂的流通，再到零售店店内摆放销售这期间，附带的数据仪（记录温度、湿度的感应装置），可以记录流通过程中温度和湿度的变化。根据这个数据，可以把握流通各个阶段的品质管理状况。并且根据这个试验所得出的数据可以算出温度时间值（CH 值：保管温度 × 经过时间）。一般来说鲜切花保管温度低呼吸量就会下降，保存时日就长，因此 CH 值可作为鲜切花品质保证的指标来使用。

对于生产者来说，从采花到出货之间的温度可以很好管理，但是出货之后大部分的情况是常温搬运，夏季超过 30℃以上的情况也有，零售店也是，商品陈列的温度管理不当，晚上没有空调等也是问题。综上所述，对于低温运输系统还不是很完善的日本的花卉流通，特别是夏天的温度管理不当，这会给花的瓶插期保证带来不好的影响。

图 4-6　运输中温度、湿度影响的确认案例

※ 上图黑色表示温度，蓝色表示湿度。7 月 26 日 9 点 30 分采的蔷薇，直接放入 10℃、相对湿度为 75% 的冷库保存。
※ 27 日 11 点从冷库中取出，13 点 50 分装车发向东京。出货期间温度上升到 25℃。开往东京的货车内的温度从 25℃降到 12℃。27 日 23 点到达东京市场。28 日 0 点发往山形市场。温度上升到常温的 27℃。28 日 7 点到达山形市场。在市场内的温度上升到 30℃。28 日 10 点花店来取蔷薇，11 点到达店铺。店铺内的温度在 22℃左右、相对湿度在 90% 以上。
※ 关于温度时间值，从采花到山形市场是 741，从采花到店头陈列半天是 1159。

花店的小知识 03

细菌试验

要确认生产者及零售店内把花插在水中时花桶等容器的卫生状态，使用市场上销售的培养基进行细菌的繁殖试验是很有效的。

瓶插期试验结果不好的，如果确认是生产者所使用花桶的卫生不好，是可以通过使用前处理剂、增加换水的频率进行改善的。

小的零售店也是，水桶是否有洗干净，桶内的水是否有受到污染，改善水桶的清洗方法，使用鲜度保持剂等进行卫生管理是很重要的。

花店的小知识 04

瓶插期试验

为了实行瓶插期保证，有必要预先了解商品产地、品种、起订量及保存的程度。可以挑选出一些花让它们在从采花到批发市场、中间商、零售店等相同的流通条件下，进行瓶插期试验。

瓶插期试验方法是根据日本花普及中心标准《证明测试手册》进行的。试验的方法是：温度25℃、湿度60%、点灯12小时和灭灯12小时的条件下测定的。

花店的小知识 05

采花日的表示

生产者在出货的箱子上或是出货的小票上记下采花日期，作为基本数据被零售店参考。但是零售店不用向顾客透露有关采花日的信息。

花店的小知识 06

生产·流通各阶段的工程的确认

参加瓶插期保证试验的生产者、花束加工厂、零售店，要准备下图和类似132页作业工程确认单，来确认作业实态。确认单内分别包含了生产者、花束加工厂及零售店为了延长瓶插期所要实行的内容。

第4章　开花店事先需要了解的信息

生产

1. 记录采花日。根据采花日来进行管理。
2. 采花后的 30 分钟内使用前处理剂进行吸水。
3. 前处理用的水桶、剪刀用洗剂洗干净。
4. 前处理溶液，设置管理基准保持清洁。
5. 出货前进行低温保管。
6. 出货前的天数尽量缩短，基本是在 2 天以内。
7. 出货前尽可能预冷。
8. 出货装箱时温度上升，要注意突然的温度变化。
9. 注明采花日。

加工场

1. 保管仓库和加工厂尽量保持低温。
2. 努力做好水桶和剪刀等的卫生管理。
3. 入货、出货的管理。
4. 不要混进与履历不符的东西。
5. 不要和会产生乙烯气体的水果和蔬菜放一块。
6. 使用鲜度保持剂。
7. 尽量缩短在加工厂滞留的时间。

流程： 种苗 → 生产 → 运输 → 市场批发加工 → 运输 → 零售

运输

1. 尽量保持低温。
2. 尽量缩短运输距离。
3. 明确采花日、品种等生产者的数据。
4. 不要和会产生乙烯气体的水果和蔬菜放一块。
5. 注意上下货时温度的升高。

市场・中间商

1. 从产地到目的地，尽量不要让环境温度上升。
2. 尽量缩短滞留时间。
3. 向加工公司和零售店正确传达产地信息、采花日等的生产信息。
4. 准备瓶插期实验室。
5. 消费网页上的信息（包括投诉）向生产者反馈。

如何做鲜切花瓶插期保证销售？

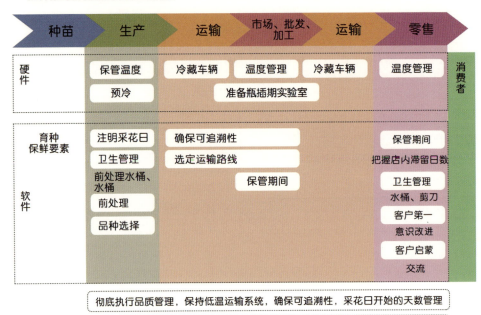

为什么要进行瓶插期保证？

- 提高客户的满意度
  - 确保客户能够赏花的天数
- 提高花卉业界的品质管理水平 ➔ 消费扩大
  - 生产、流通、零售一切的工序都靠品质说话
  - 确保可追溯性（流程）

瓶插期保证花店确认项目

● 卫生管理・品质管理
1. 保持运输过程中的低温，努力缩短运输时间。
2. 鲜切花到后，马上进行吸水。
3. 水桶，剪刀用洗剂洗干净后保持清洁。
4. 保持水桶内的水的清洁，使用鲜度保持剂。
5. 尽可能进行低温管理。
6. 不要让花受到阳光直射，也不要受空调的风直吹。
7. 要让花保证在水中浸 30 分钟以上。
8. 不要让下面的叶子浸到水中。

● 运营管理
1. 管理采花日情报。
2. 确定店内销售的期限（尽可能缩短时间）。
3. 决定废弃的基准（天数、促销销售、变更用途等）。
4. 销售的商品要添加鲜度保持剂。

● 对应客户
1. 向客户说明延长鲜切花瓶插期的方法。
2. 用 POP 来说明鲜切花的装饰方法，观赏方法。
3. 向顾客说明生产地的信息。
4. 利用贴贴纸等来告知瓶插期保证销售。
   ①保证的内容　②投诉的对应

为什么要加入 MPS

不使用危险的农药,农药、肥料、能源尽可能的降低给予鲜花 MPS（花卉产业综合认证）这一国际认证。对于 MPS 的概要,导入的目标进行解说。

现在为什么要 MPS？

在昭和高度成长时期,为了减少工厂排出的废水和废弃物等污染物质,制定了公害对策基本法,从此日本的天空变得湛蓝,水变得清澈。如今需要关注的是整个地球环境,以及如何让消费者安心、安全的问题。

日本的花卉产业,因为花卉不是食品,不入口,所以对于安心安全、确保可追溯性的关心很薄弱。放眼全球,花卉的生产也要考虑环境保护,因此有了国际性的环境认证制度,那就是 MPS。

什么是 MPS？

MPS 是取荷兰语"花卉产业综合认证"的首字母而成。它的中心被称之为 MPS-ABC,是一个花卉生产中所使用的农药、肥料、能源等环境负荷依次递减的系统。拿荷兰为例,据报道参加的 790 家企业在 10 年间平均减少了 25% 的农药量,22% 的能源的使用量。

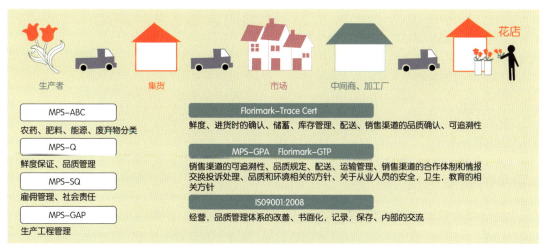

图 4-7　MPS 花卉产业综合认证

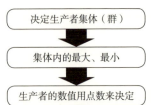

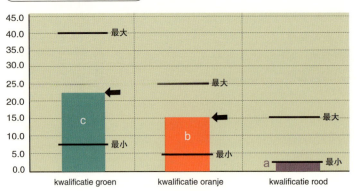

图 4-8　MPS-ABC 的认证组成

MPS 大致可分为面向生产者的花卉生产综合认证（MPS-Florimark Production）和面向流通领域的花卉流通综合认证（MPS-Florimark Trade）。

面向生产者的 MPS，除了 ABC 以外还有鲜度认证、品质管理等认证的 MPS-Q，从业人员的雇佣管理和社会责任认证的 MPS-SQ，生产工程管理认证的 MPS-GAP。

另外面向流通的 MPS，有流通过程中的温度管理和操作方法，可追溯性认证的 Florimark-Trace Cert 或流通过程中环境的考虑和工程管理的组合认证的 Florimark-GTP 等。由此可见，MPS 是生产者和流通业者同时搭配进行的综合性的认证。

MPS 的认证制度

MPS 的认证制度一个最大的特征就是从生产者到市场、中间商、加工厂、流通都是相互关联的一个系统。另外一个大的特征是，以降低环境负荷为中心的 MPS-ABC，不是一个按照一定标准追求绝对的评价体系，而是一个让农药、肥料、能源等不断减少的一个相对评价体系。所谓相对评价是考虑生产地域的气温、土地等的环境特性或作物特性来进行环境分类（Cluster：群体），分别设定标准使用量的上限值和下限值来算出分数。也就是说自己可以知道自己所属的群体中位于上限值和下限值的哪个位置。满一年后，每隔 3 个月都要与过去一年的数据做对比来进行认证。参加 MPS 意味着你对于降低环境负荷而不断地努力，有着重要的意义。MPS-ABC 是从 2007 年 1 月开始的。流通认证是对品质管理的高度化、经营品质的高度化、工作人员和环境以及社会责任的高度化的追求，以 MPS 认证作担保，对外部透明，不断进行改善。流通认证是 2008 年 1 月开始的，已经有很多大型市场参加了，办理 MPS 的认证市场也在年年递增。

如何参加 MPS-ABC

要参加 MPS-ABC 的话，要经过初次审查和作为入会金的 MPS 本部登录费用约 6000 元人民币以及栽培面积相对应的年会费。

其 2013 年的年会费是设施面积 + 露天面积的 1/3，在 3300m² 以内约 3000 元人民币，之后每增加 3300m² 再多收约 1200 元人民币。

MPS-ABC 的参加者每 4 周为 1 期，使用的肥料、农药、能源、水量和废弃物的分类作为数据进行报告，过了 13 期（52 周）后给予认证。在这之后每 3 期在过去的 13 期的数据的基础上进行更新。

MPS Japan 标记——国际化的同时要与日本产差别化

日本的 MPS 参加者除了有 MPS 特有的标记外还有 MPS Japan 标记。蔬菜和水果标明产地是理所当然的，用于商品的区别化。但是花卉这一块别说产地了，连国内产国外产都没有标明。

乘日本引入 MPS 之际，鲜花也实现了日本产地标明。

根据这个 MPS Japan 标记，不仅取得了国际标准的认证资格，也展示了日本产的东西在国际上受到信赖。

MPS 参加标记

从 MPS-ABC 的注册申请，数据提交开始连续 3 期（1 期是 4 周）内，通过的可以获得 MPS 参加者（Participant）标记。MPS 参加者标记也带有 MPS Japan 标记。

MPS-ABC 认证标志   MPS-ABC 参加者标志

MPS JAPAN 标志

MPS 也是交易的条件——不仅表达了消费者对环境的关心，也给了花的附加价值

在欧洲，MPS 是采购的条件，也就是说被作为生意上交易的条件。在日本 MPS 作为采购条件也渐渐形成了一种趋势。如今，市场竞争越来越激烈，如何让产品独特是商家追求的目标。在这其中，具体的体现在消费者越来越追求环保。特别是 CO_2 排放量的标明作为体现商品差异的指标受到瞩目。

对零售店的调查也是，虽然对 MPS 的认知度还很低（19%），但是加上"希望"，"强烈希望"提供"保护环境的商品"的就有 80%。另外关于采购"保护环境的商品"，"同品质的东西，如果采购价格是一样的情况下会优先采购"占了 65%，"即使有 10%~20% 的价格差也会优先采购"的占 12%（引自：JFTD2010 年度白皮书）。

MPS 是环境品牌化、花卉商品化的第一步，把花的商品化作为工具来扩大消费

为了设法扩大花的消费，要共同推进花的魅力和鲜度的品牌化（差别化）。有花卉品种的品牌化、店铺的品牌化、产地的品牌化、环境的品牌化。MPS 标记，MPS Japan 标记是让顾客信赖的日本品牌，保护环境这一品牌对于商品的展示也很有效果。

从经验化农业转向数据化农业

对于 MPS 生产者来说，可根据农药、肥料、用油、用电等每月一次的记录，积累数据，来明确所处相对应的位置，降低对环境的负荷，还能有助于削减成本。另外，通过与流通相配合，可以实现保持品质、确保可追溯性、削减成本。

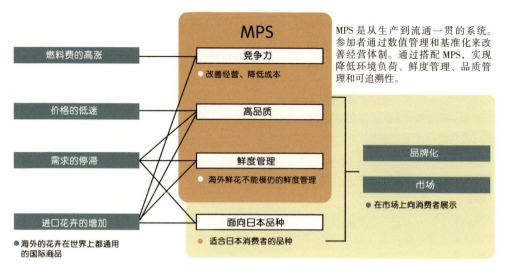

图 4-9　MPS 的活用

MPS 作为工具连接了生产和流通，可以期待日本花卉产业的品质提高。

提高顾客满意度与扩大消费相连

参加 MPS，有人将其比喻成接受体检。通过参加 MPS，平时看不见的问题都显示出来。

MPS 的推进不仅可以降低环境负荷，也是提高花卉商品性的工具。对于日本的花卉产业，不论是市场、中间商还是加工厂、花店，都存在规模小、信息相互不流通的问题。现状是顾客需要怎样的商品这种信息也被切断，到不了生产者手上。让客户能够拿到新鲜的商品是很有必要的，MPS 能起到这一效果。MPS 是环境品牌化、花卉商品化的第一步。

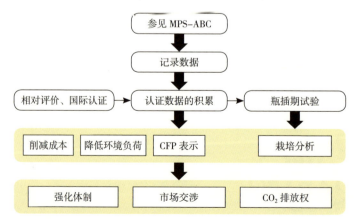

图 4-10　从经验化农业转向数据化农业

花的功效

颜色和香味等,让我们一起来探索鲜花和绿植所拥有的力量。
也能给我们带来心理上和生理上的效果。
鲜花和绿植不仅是点缀了我们的生活,

花所拥有的潜力

植物与人们的生活密切相关。在如今快节奏的社会,人与自然的距离越来越远,人亲近自然的欲望也越来越强烈,植物自然的一部分,它的疗愈、缓解压力等功能在现代被各种研究所证实。

花色所带来的生理心理效果

颜色对人的影响是众所周知的(表1),活用颜色,可以让设计丰富多彩。花不同于工业制品,颜色有变化,花的品种也多,拥有植物特有的欣赏价值。作为花色的活用法,比如说如果是摆厨房,没有食欲的人可以使用橘色的花,相反想要抑制食欲的人可装饰蓝色的花。

花香的魅力

在香料界,对于鲜花香味的研究有很大的进步,证实香味对人的生理和心理都有影响。从花中提取的精油,不仅用于化妆品和香氛,还活用于多种食品或中药等领域。

在香料界,作为三大花香之一的玫瑰,它的香气在早上有镇静的效果,植物茉莉花的香味在晚上有提神的效果。鲜花的香味,香味的时段,对人的影响不同,再配合鲜花的颜色及形态,可设计符合消费者TPO(时间、地点、场合)的鲜花方案。

表 4-2　不同花色带给人的生理心理影响

花色	印象	可以期待的生理心理效果	香味的印象
绿色	治愈、健康、安心安全、平衡	恢复疲劳、抗压	叶子、森林、原野的味道
蓝色	清凉感、冷静、恢复力、创造力、诚实	抑制代谢、提高集中力	海洋或水的味道，也可以说是酸的水果味
紫色	直觉、向上心、感性、规矩、自我反省	解压、提高忍耐力	类似香堇菜的香味
粉色	爱情、可爱、丰富、春天	平衡荷尔蒙、返老回童	桃子类的果香
红色	精力充沛、热情、胜负运、危险	增加活力、自我主张	类似草莓的甜香
橘色	力量、心情一新、开朗、温暖	增加食欲、增加印象	类似橘子的汁多的香味
黄色	开朗、知性、注意力、乐趣	提高决断力、提高金钱运	类似柠檬柑橘系的香味
棕色	大地的象征、诚实、经典、成果	提高恢复力、安心感	—
米色	治愈、品格、温暖、援助	消除紧张感	—
白色	清洁感、诚实、再生、普遍性、辟邪	净化气场、安心感	类似粉状的香草，也可以说是柑橘类，夜里香的花（茉莉花等）
黑色	重量感、坚强的意志、紧绷、体制变化、高级感	提高集中力、保护色	

通过接触花达到的心理效果

根据1983年美国园艺协会会员4000人以上的问卷调查显示，能够在花园内获得安宁或平静的回答占了80%以上。

另外，在以大学生为对象的调查中显示，在室内进行短时间的园艺作业能够放松心情，特别是对有花的植物进行照料时的效果更显著。在别的调查中也发现了培育植物可以减少负面情绪，对事物进行积极正面的思考。有研究对高龄者进行园艺作业前后的血压测量比较，证实园艺作业后有降低血压的倾向，体重和体脂肪率也有所下降。

主要花香的效果

玫瑰有镇静和抗压等效果，薰衣草可镇静和促进睡眠；橘色的花促进睡眠，茉莉花提神，康乃馨和紫罗兰同一香氛成分桃金娘有增加食欲和防腐的效果，迷迭香有镇咳的效果。另外根据最近的研究英格兰玫瑰中发现的没药（茴芹）的香味，被认为有提神的功效，突厥玫瑰含有大量的苯乙醇的成分，最近被报道也有提神的功效。

日本花卉流通促进协会（JFMA）

Shall we flower?

目　的
以扩大鲜花消费为目标而活动

事　业
1、寻找市场和提供市场情报
2、为花卉业界培养人才和教育研修
3、花的销售技术和经营的指导
4、鲜度保持等花的规格和商品评价等基准设定

日本花卉流通促进协会（JFMA）的成立

日本花卉流通促进协会从"想把日本的花卉消费做到世界第一"，"哪怕一个人也好，让更多的人能够从花中获得乐趣"这些想法出发，于2000年5月18日成立。

在这之后13年，被花卉业界爱称为JFMA。JFMA的特征是由从种苗业者到生产者、市场、进口公司、加工－中间商、资材制造商、零售店等任何与花卉工作有关的人员构成的。只要是与花有关的相关者不论是谁都可以参加JFMA的活动。

JFMA的基本方针

JFMA的目的是扩大花卉消费。从全局来看，种花的人、运输的人、加工花束的人、销售的人等有关花卉行业的方方面面，在相互帮助下共同发展。

另外，为了提高会员的技术，有时候个人的问题大家一块思考，一块解决。因此，协会也是会员互相交换信息的场所。

JFMA的具体活动

●各种讲座

通常的讲座不仅从花卉业界还会从其他各个业界招募讲师，每个月的第二个周二下午举办研讨会，晚上会召开会员间研讨会。另外还有新春研讨会、国际研讨会、地方研讨会等。

●国际花卉博览会

国际花卉博览会在花卉业界相当于"商谈的场所""信息发送的场所""交流的场所"，在每年的秋季举办。第一届国际花卉博览会在2004年10月由JFMA和Reed Exhibitions Japan有限公司共同举办的。

在这之后，又加上了用土、肥料、药剂、花盆、园艺、造园用品等，不仅有日本代表Flower EXPO，还举办了亚洲第一的世界通用的国际花卉展示会，不断地在成长。

●对环境的整治 花卉产业综合认证项目MPS

MPS是面向生产者的降低环境负荷和品质管理等的认证和面向流通者的可追溯性和鲜度管理认证，是一个从生产到流通一体化的认证体系。在2002年11月的国际研讨会上取得，2006年的5月，由JFMA的子公司（MPS Japan）设立并决定在日本引入。

以国际标准不断对环境进行整治的同时，为了证明是日本产的商品，还会附加日本的MPS认证标志来进行区别化。

●海外信息收集

收集最新的海外杂志、文献等信息，研究海

外案例，在研讨会或JFMA NEWS上发表。另外海外视察研修团以欧洲和亚洲为中心每年都会举办。

2001年作为JFMA的项目，举办了"鲜花花桶流通研究会"和"瓶插期保证销售研究会"两场研讨会。这些活动促成了鲜切花流通花桶的规格统一化。

● 瓶插期保证销售

2009年，瓶插期保证销售项目再次开始。2010年作为提高农水省产地收益率支援事业的一环，瓶插期保证销售又再次被实施。

2004年，作为JFMA的自主项目，开始了"店头项目"。总结了活动成果，并出版了《花店手册》。

● 门店项目 / 推广项目 / 市场营销

同一本书在之后又修订了3次（2006年、2008年、2011年），被许多花卉界的相关人员所翻阅。同样的聚集了一些年轻会员项目成员，发行了有关鲜花零售的"基础"刊物。从采购到开店，从务实的观点出发所整理出来的内容，出版了面向花店的市场型读本"Quick.Handbook"（草土出版）。

另外，在2010年设立了市场营销项目，对扩大鲜花的消费进行检讨。这个项目以后续的形式成立了情人节推进委员会。

有关 JFMA 会员

对于会员，可以通过"JFMA NEWS"获取各种各样的信息。另外，最好的一点是它可以跨越不同的分工渠道拓广会员之间的交流，增加会员之间的合作机会。不论是法人还是个人，不论是生产商，还是运输、还是零售等，只要与花相关都可以参加。

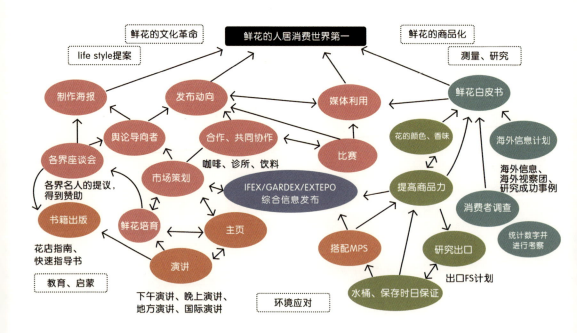

日本与花店相关的协会团体、资格认证、大赛

除了JFMA以外，日本还有许多与花店有关的团体。

花店相关的团体

一般社团法人
日本鲜花通信配送协会（JFTD）

JFTD是一个由几千家日本花店组成的网络转单平台，为日本非营利性民间行业协会组织。协会为其会员提供国内国际鲜花转单业务。协会每年都会组织会员进行花艺比赛等各种交流活动，还会为会员提供培训服务。

地址：140-8709 东京都品川区北品川 4-11-9 日本花卉会馆
电话：03-5496-5829 FAX 03-5496-0396
http://www.jftd.or.jp/

公益社团法人
日本鲜花设计师协会（NFD）

鲜花设计师组织是唯一一个公益社团法人。在进行鲜花设计师的资格认定、登录的同时，也在进行鲜花设计的普及和推广。在日本共有53个分部，会员大约有28000名，在籍的NFD讲师有11000名，很多讲师或会员活跃在与鲜花相关的各个领域中。除了在每年春天会举办公募展"日本鲜花设计大赏"来选出日本第一的鲜花设计师，还会举办以推出年轻设计师为目的的"NFD大奖"，"NFD全国高校生鲜花设计大赛"等活动。

地址：108-8585 东京都港区高轮 4-5-6
电话：03-5420-8741 FAX 003-5420-8748
http://www.nfd.or.jp/

一般财团法人
日本鲜切花协会（JCFA）

进行鲜切花顾问认证，鲜花总管、Eco Florist认证，花店制作人认证。同时，还可以普及鲜切花、扩大消费、传播鲜切花相关的知识。除了之前提出的那些资格认证，还举办各种讲座和"亲子花卉活动"，向小孩及他们的监护人推广鲜切花的欣赏方式及正确的打理方法等。

地址：150-0031 东京都涉谷区樱丘町 15-14 FUJI 大楼 40 5F
电话：03-5465-1187 FAX 03-5465-1190
http://www.jcfa.com/

对花店有用的资格

鲜花设计师等级认证（1、2、3级）

只要在日本鲜花设计师协会（NFD）资格认证测验中合格就能获得资格。拥有这个资格的设计师可以在花店、花艺设计、授课、交流等领域工作。首先要在认定的学校入学、上课，学习考试所需掌握知识和技术（3级的话需要学习半年到

一年的时间)，3级合格了就有加入NFD会员的资格。2级和1级的考试除了需要学分，还需要在籍时间12个月以上。

○咨询：日本鲜花设计师协会（NFD）

色彩技能鉴定

属于文部科学省后援的技能鉴定，分别有1、2、3级。通过理论、系统地学习颜色相关的知识和技能，掌握色彩的实践运用能力。2级和3级每年夏天和冬天各一次，1级只有冬天一次，并有两场考试，需要掌握颜色和光的关系及颜色的构成，从色彩文化到色彩心理以及色彩搭配等广泛的知识面。

○咨询：公益社团法人 色彩检定协会
《东京本部》地址：100-0011 东京都千代田区内幸町1-1-1 帝国宾馆本馆6F
电话：03-5510-3737（关于各人考试的咨询）
《大阪本部》地址：532-0003 大阪府大阪市淀川区宫原3-4-30 Nissen 新大阪大楼18F
电话：06-6397-0203（关于各人考试的咨询）
http://www.aft.or.jp/

鲜花装饰技能师

属于厚生劳动省举办的技能鉴定。拥有1、2、3级的国家资格。有鲜花装饰和造型、植物的生态和分类等相关学科试验以及婚礼花束和胸花、花束、插花表演、桌花等设计技能考核。

园艺装饰技能师

和鲜花装饰技能师一样，属于厚生劳动省举办的技能鉴定之一，拥有1、2、3级的国家资格。用观赏植物进行装饰并对其维护管理时所需的必要技能的认定。办公室或店内用观赏性植物装饰、活动会场内制造室内庭院等，要求掌握对植物的维护管理、植物与空间的平衡感和色彩感觉。考试3级需要6各月以上的实际经验，2级需要2年以上，1级需要7年以上。

○以上两个的咨询：各都道府县的职业能力开发协会

鲜切花顾问

鲜切花顾问是向想要消费鲜切花的普通人进行鲜切花的养护方法和设计进行适当的指导。接受日本鲜切花协会举办的认证讲座，考试合格的话可以向协会以鲜切花顾问的名义进行登陆。内容以鲜切花的吸水性和保鲜为首，植物的生态和分类，药剂的使用方法和鲜花的流通方法等范围涉及广泛。

○咨询：日本鲜切花协会

花店参加的
竞技会、展示会等

日本杯花艺设计大赛（Japan Cup）

由JFTD主办，由鲜花丘比特花店联盟经过全国同盟代表选拔赛会，花卉关联团体的推荐者和上年前十位的种子选手进行预选，最终晋级20名，在比赛会场的舞台上进行花束和插花的公开竞技，最后选出前10名进入决赛，最终选出优胜者。

鲜花丘比特大奖

和"日本杯"一样，由鲜花丘比特花店联盟主办的比赛。鲜花丘比特的加盟店，用带来的作品进行竞争。

○以上两个的咨询：一般社团法人 日本鲜花通信配送协会（JFTD）
地址：140-8709 东京都品川区北品川4-11-9 日本鲜花会馆
电话：03-5496-5829 FAX03-5496-0396
http://www.jftd.or.jp/

关东东海 花的展览会

关东东海地区的1都11县和花卉团体主办的传统的花卉展览会，以加深对花的理解，更进一步扩大花的消费为目的所举办的。每年1次在冬天的东京．池袋的 sunshine city 内举办。以鲜花生产者培育的鲜切花和盆花进行出展的评选会为首，进行鲜花设计比赛，由主办方进行鲜花和绿植的装饰展示等。有以一般顾客为对象的插花教室，以小孩为对象的鲜花培育教室等都很受欢迎。

○咨询：当界举办县的经济产业部等

世界兰花展

洋兰、东洋兰、日本兰等世界各地各个级别的兰花齐聚一堂的展览会。每年 2 月左右在东京巨蛋举办。世界各国都有参加，每次展示约 10 万株的兰花，展示作品总数 1000 件以上。世界兰花展日本大赏的审查部门把参加作品分为"个性""香味""陈列""花艺设计""美术工艺""小模型陈列"6 大分部。在"个性"中选出日本大赏。

○咨询：世界兰花展事务局（读卖新闻东京本部内）
地址：104-8234 东京都中央区银座 6-17-1
读卖新闻东京本部广告局商业开发部内
电话：03-6739-6940 FAX03-3216-8568
http://www.jgpweb.com

日本花卉设计大赛

由日本鲜花设计师协会（NFD）主办，一年举办一次，选出日本第一的鲜花设计，知名度很高。类别有插花、婚礼花束、花束、迷你插花、花店题材、花店拼贴画、花店饰品、珠宝盒、永生花设计等 9 个部分，根据设计图初审选出 400 名，再根据会场的展示进行审查。另外活动会场还会举行人气设计师的表演和体验课等。

NFD 大赛

NFD（日本鲜花设计师协会）以发掘年轻的设计师为目的的大赛，每年举行一次。参加资格是在 40 岁以内，经过初赛和复赛最终决定 10 名获奖者。获奖者作为 NFD 的表演者不仅可以为其提供发展的机会，还可以以 NFD 年轻设计师的身份受到重视追捧。

NFD 全国高校生鲜花设计比赛

由日本鲜花设计师协会（NFD）主办，面向高校生，被誉为鲜花设计界甲子园的一场比赛。只要是"展览会召开期间在籍的高学生高校生"就可以免费参赛。没有学校的学分也不要紧，只要是正在学习鲜花设计的高校学生不论是谁都可以报名参加。凭设计画稿进行初审，再经过插花部和婚礼花束部的最终审查，最后决定出获奖人。

○以上三个的咨询：公益社团法人 日本鲜花设计师协会（NFD）
地址：108-8585 东京都港区高轮 4-5-6
电话：03-5420-8741 FAX03-5420-8748
http://www.nfd.or.jp/

花店·评论

对花店、鲜花设计师、鲜花艺术进行优秀选拔和作品讲评的竞技会。优秀的选拔者可以拥有参加月刊《花店》封面设计的机会。一般企业的行政部门或其他业界的创作者以顾客或艺术家的立场来进行审查，即通过现场进行公平的审查，对其的讲评（评论）也全都是对外公开的。是一个涉及作品制作、商品提案、设计能力、企划能力等方面，完全没有门槛的鲜花设计竞技会。

○咨询
E-mail 受理 info@floristreview.jp
事务局：诚文堂新光社有限公司
月刊花店编辑部内
花店．评论实行委员会
地址：113-0033 东京都文京区本乡 3-3-11
电话：03-5800-3616 FAX03-5800-5725
http://floristreview.jp
推特 http://twitter.com/gekkanflorist

图书在版编目（CIP）数据	
花店人必须知道的那些事儿 / 日本花卉流通促进协会编. – 北京：中国林业出版社, 2018.3（2020.5 重印）B18001048	
ISBN 978-7-5038-9498-5	
Ⅰ.①花… Ⅱ.①日… Ⅲ.①花卉–商店–商业经营 Ⅳ.①F717.5	
中国版本图书馆CIP数据核字(2018)第052639号	

责任编辑	印 芳　何增明
出版发行	中国林业出版社
	(北京西城区德内大街刘海胡同7号)
电　话	010-83143565
经　销	中国林业出版社
印　刷	固安县京平诚乾印刷有限公司
版　次	2018年6月第1版
印　次	2020年5月第4次印刷
开　本	710mm × 1000mm
印　张	9
字　数	350千字
定　价	58.00元

花园时光 TIME GARDEN

花园时光系列书店

花园时光微店　　花艺目客微信公众号

扫描二维码了解更多花园时光系列图书

购书电话：010-83143594